职业教育数控技术应用专业

数控铣削与多轴加工
实例教程

主　编　张彰才　梁树戈　毛进军
副主编　卢美金　冯少华
参　编　谭卓华　赵国云　潘　成
　　　　黎明柳　徐汉芬

机械工业出版社

本书注重培养学生掌握数控铣床（加工中心）和多轴加工技术的复合技能，选取了数控铣床（加工中心）操作的一些典型实例，教学内容分为数控铣削加工基础、数控铣工中级技能考证训练、数控铣工中职技能竞赛训练、企业生产典型实例、五轴加工典型实例，共 5 个模块，由浅入深、循序渐进地分析零件的加工工艺，既讲解了中职学校常用的 Mastercam 和 UG 两种 CAM 软件的编程方法，又介绍了中职学校常用的华中数控系统、发那科系统和西门子系统的操作方法，能够满足读者的不同需求。

全书实例丰富，图文并茂，注重细节，以模块教学、任务呈现的模式展开，每个任务均包括学习任务描述、学习准备、计划与实施、评价与反馈及拓展环节，所选内容都具有一定的针对性；采用"校企合作"模式，同时运用了"互联网+"形式，在重要知识点嵌入二维码，方便学生理解相关知识，便于实施教学；提供精品在线开放课程，实现校内开放、校外共享。

本书可以作为中等职业学校数控技术应用专业、模具制造技术专业的教材，也可以作为企业数控技术从业人员的辅导读物及岗位培训教材。

图书在版编目（CIP）数据

数控铣削与多轴加工实例教程/张彰才，梁树戈，毛进军主编. —北京：机械工业出版社，2020.8（2024.1重印）
职业教育数控技术应用专业系列教材
ISBN 978-7-111-66009-5

Ⅰ.①数… Ⅱ.①张… ②梁… ③毛… Ⅲ.①数控机床-铣削-中等专业学校-教材②数控机床-加工-中等专业学校-教材 Ⅳ.①TG547②TG659

中国版本图书馆 CIP 数据核字（2020）第 118305 号

机械工业出版社（北京市百万庄大街 22 号 邮政编码 100037）
策划编辑：黎 艳 责任编辑：黎 艳 安桂芳
责任校对：樊钟英 封面设计：张 静
责任印制：单爱军
北京虎彩文化传播有限公司印刷
2024 年 1 月第 1 版第 3 次印刷
184mm×260mm · 13.5 印张 · 329 千字
标准书号：ISBN 978-7-111-66009-5
定价：42.00 元

电话服务 网络服务
客服电话：010-88361066 机 工 官 网：www.cmpbook.com
010-88379833 机 工 官 博：weibo.com/cmp1952
010-68326294 金 书 网：www.golden-book.com
封底无防伪标均为盗版 机工教育服务网：www.cmpedu.com

前　言

根据广东省教育厅下达的中等职业教育"双精准"示范专业建设项目指导性任务,要求承担示范专业建设任务的中等职业学校要紧紧围绕"目标定位准、办学条件好、校企合作深、诊断改进实、人才培养优"的建设目标,提升专业校企精准对接培养水平,根据行业发展趋势、课程改革进展和教学需要,与企业联合编写相应的教材和教学辅助资料,建设基本覆盖专业核心课程、主干课程的专业教学资源库、精品在线开放课程、微课程等优质数字化资源,实现校内开放、校外共享。

本书是围绕"双精准"示范专业的建设目标,根据课程标准和企业岗位的技能需求,注重培养学生掌握数控铣床(加工中心)和多轴加工技术的复合技能,结合编者所在学校丰富的教学素材和资源,选取数控铣床(加工中心)操作的一些典型实例编写的。本书分5个模块,包括10个典型的教学任务,分别是数控铣削加工基础(包含3个教学实例)、数控铣工中级技能考证训练(包含2个考证实例)、数控铣工中职技能竞赛训练(包含1个真题实例)、企业生产典型实例(包含2个实例)和五轴加工典型实例(包含2个经典实例)。本书由浅入深地分析了零件的加工工艺,既讲解了中职学校常用的 Mastercam 和 UG 两种 CAM 软件的编程方法,又介绍了中职学校常用的华中数控系统、发那科系统和西门子系统的操作方法,可满足读者的不同需求。同时,本书运用了"互联网+"技术,在部分知识点附近设置了二维码,读者可以用智能手机进行扫描,便可在手机屏幕上显示和教学内容相关的多媒体内容,方便读者理解相关知识,进行更深入的学习。

本书编者均来自佛山市高明区职业技术学校数控专业组,由张彰才、梁树戈、毛进军担任主编,卢美金、冯少华担任副主编,谭卓华、赵国云、潘成、黎明柳、徐汉芬参编。本书的编写分工如下:卢美金编写任务一、任务二,梁树戈编写任务三、任务九,毛进军编写任务四、任务五,张彰才编写任务六、任务十,冯少华编写任务七、任务八。全书由梁树戈负责组织编写和审核工作。谭卓华、赵国云、潘成、黎明柳、徐汉芬负责各个任务的文字校核、工序卡制作和微课视频拍摄等工作。在本书的编写过程中,编者得到了佛山市高明区德健五金有限公司的技术支持,在此表示衷心的感谢。

由于编者水平有限,书中不妥之处在所难免,恳请广大读者批评指正。

编　者

二维码索引

目　录

模块一 数控铣削加工基础

任务一

平面加工

学习目标

通过对平面加工这一学习任务的学习，学生能：

1. 描述数控铣床操作规程。
2. 理解数控铣床各部分的名称、作用和数控铣床的工作原理。
3. 描述华中系统操作面板按钮及数控铣床控制按钮的名称和作用。
4. 正确区分坐标轴及正负方向，手动或手轮移动坐标轴到指定的位置。
5. 校正机用虎钳，正确装夹工件。
6. 手动装刀、卸刀。
7. 以小组合作的形式，按照规定操作流程，手动铣削平面。
8. 完成加工后，做好交接班相关工作。

建议学时

8 学时。

学习任务描述

学习华中世纪星 HNC-210B 系统数控铣床控制面板操作，特别是熟练手轮操作，最后采用手动加工的方式完成工件表面的加工，如图 1-1 所示，要求切削深度为 0.5mm，加工时使用直径为 10mm 的平底铣刀，刀路步长为 7mm。

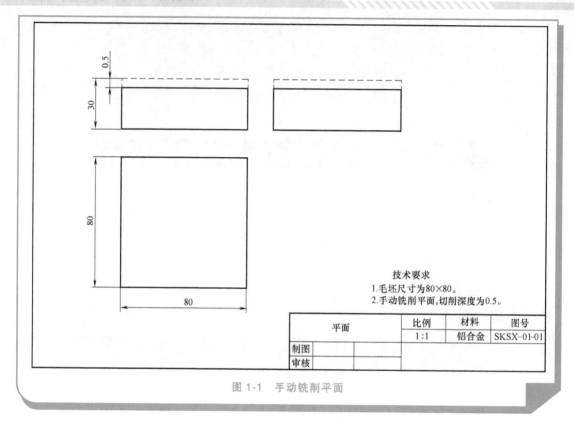

技术要求

1. 毛坯尺寸为80×80。
2. 手动铣削平面,切削深度为0.5。

平面		比例	材料	图号
		1:1	铝合金	SKSX-01-01
制图				
审核				

图 1-1　手动铣削平面

第一部分　学 习 准 备

引导问题:

　　为保护操作人员的人身安全和设备安全,维持正常的生产秩序,在操作数控铣床加工产品的过程中要注意哪些问题?

　　一、认真阅读下列"数控铣床安全操作规程"并完成工作页

知识链接:

数控铣床安全操作规程

　　1. 操作人员必须熟悉数控铣床使用说明书和数控铣床的一般性能、结构,严禁超性能使用。

　　2. 工作前穿戴好个人的防护用品,长发操作人员戴好工作帽,将头发压入帽内,切削加工时关闭防护门,严禁戴手套。

　　3. 开机前要检查润滑油是否充裕,切削液是否充足,发现不足应及时补充。

　　4. 开机时先打开数控铣床电气柜上的电气总开关。

5. 按下数控铣床控制面板上的"ON"按钮，启动数控系统，等自检完毕后进行数控铣床的强电复位。

6. 手动返回数控铣床参考点。先返回+Z方向，再返回+X和+Y方向。

7. 手动操作时，在移动X、Y轴前，必须确保Z轴处于安全位置，以免撞刀。

8. 数控铣床出现报警时，要根据报警信号查找原因，及时排除警报。

9. 更换刀具时应注意操作安全。在装入刀具时应将刀柄和刀具擦拭干净。

10. 在自动运行程序前，必须认真检查程序，确保程序的正确性。在操作过程中必须集中注意力，谨慎操作。运行过程中一旦发生问题，及时按下"循环暂停"按钮或"紧急停止"按钮。

11. 加工完毕后，应把刀架停放在远离工件的换刀位置。

12. 实习学生在操作时，旁观的同学禁止触碰控制面板上的任何按钮、旋钮，以免发生意外及事故。

13. 严禁任意修改、删除机床参数。

14. 生产过程中产生的废机油和切削液，要集中存放到废液标识桶中，倾倒过程中防止滴漏到桶外，严禁将废液倒入下水道污染环境。

15. 关机前，应使刀具处于安全位置，应将工作台上的切屑清理干净，并将机床擦拭干净。

16. 关机时，先关闭系统电源，再关闭电气总开关。

17. 做好机床清扫工作，保持环境清洁，认真执行交接班手续，填好交接班记录。

阅读上述操作规程，判断下列说法是否正确（正确的打"√"，错误的打"×"）。

1. 因为操作机床时切屑有可能弄伤手，所以要戴手套操作。（　　　）

2. 手动返回参考点时，不用考虑X、Y、Z三轴的顺序。（　　　）

3. 调机人员在任何情况下都不可以修改机床相关参数。（　　　）

4. 生产过程中产生的废机油可以直接从下水道排放。（　　　）

引导问题：

数控铣床能够高速加工结构复杂、精度要求高的零件，不仅提高了加工效率，而且保证了加工质量。那么，数控铣床是由哪些部分组成的？

二、数控铣床的结构（图1-2）

数控铣床由床身、数控系统、主轴传动系统、进给伺服系统、冷却润滑系统几部分组成。

（1）床身　数控铣床上用于支承和连接若干部件，并带有导轨的基础部件。

（2）数控系统　数控系统是数控机床的核心，它接收输入装置送来的脉冲信号，经过数控装置的系统软件或逻辑电路进行编译、运算和逻辑处理后，输出各种信号和指令控制机床的各个部分，进行规定、有序的动作。

（3）主轴传动系统　用于装夹刀具并带动刀具旋转，主轴转速范围和输出转矩对加工有直接的影响。

（4）进给伺服系统　由进给电动机和进给执行机构组成，按照程序设定的进给速度实现刀具和工件之间的相对运动，包括直线进给运动和旋转运动。

（5）冷却润滑系统　冷却润滑系统在机床整机中占有十分重要的位置，它不仅具有润

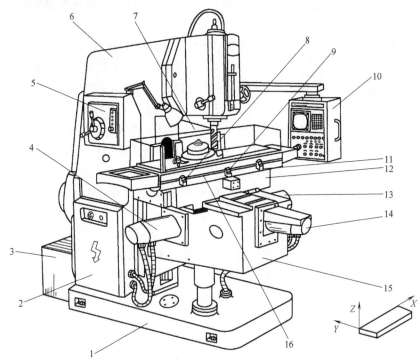

图 1-2　数控铣床的结构

1—底座　2—强电柜　3—稳压电源箱　4—垂直升降（Z 轴）进给伺服电动机　5—主轴变速手柄和按钮板
6—床身　7—数控柜　8、11—保护开关（控制纵向行程硬限位）　9—挡铁（用于纵向参考点设定）
10—数控系统　12—横向溜板　13—横向（X 轴）进给伺服电动机　14—纵向（Y 轴）进给伺服电动机
15—升降台　16—工作台

滑作用，而且具有冷却作用，以减小机床热变形对加工精度的影响。冷却润滑系统的设计、调试和维修保养，对于保证机床加工精度、延长机床使用寿命等都具有十分重要的意义。

　　仔细观察学校实习工厂的数控铣床，与图 1-2 所示数控铣床结构进行对比，找出相对应的结构（在相应栏目打"√"）。

　　1—床身（　　）　2—工作台（　　）　3—防护门（　　）　4—操作系统（　　）
　　5—冷却液箱（　　）　6—主轴（　　）　7—强电柜（　　）　8—总开关（　　）
　　9—润滑油箱（　　）　10—稳压电源（　　）　11—手轮（　　）　12—急停开关（　　）

引导问题：

　　数控铣床是采用数控系统、伺服系统、传动系统共同配合来完成操作加工的。那么数控铣床的数控系统是怎样的？应该如何使用数控系统操作机床？

三、华中系统数控铣床操作控制台（图 1-3）

1. 华中系统数控铣床主菜单键功能说明

（1）编辑键

 删除键：删除光标所在处的数据。

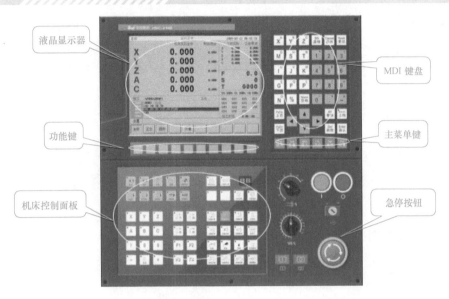

图 1-3　华中世纪星 HNC-210B 系统数控铣床操作控制台

取消键：消除输入域内的数据。

换行键：结束一行程序的输入并且换行。

上档键：输入键盘区右上角的字符。

退格键：删除光标前一字符。

（2）系统复位键

复位 CNC 系统，包括取消报警、主轴故障复位、中途退出自动操作循环。

（3）翻页键

上翻页。

下翻页。

（4）光标移动键

▲：向上移动光标。

◀：向左移动光标。

▶：向右移动光标。

▼：向下移动光标。

（5）软件菜单　系统软件的菜单由程序主菜单、设置菜单、MDI 菜单、刀补菜单、诊断菜单和位置菜单六个部分组成。

1）程序主菜单如图 1-4 所示。

图 1-4　程序主菜单

2）设置菜单如图 1-5 所示。

图 1-5　设置菜单

3）MDI 菜单如图 1-6 所示。

图 1-6　MDI 菜单

4）刀补菜单如图 1-7 所示。

图 1-7　刀补菜单

5）诊断菜单如图 1-8 所示。

图 1-8　诊断菜单

6）位置菜单如图 1-9 所示。

图 1-9　位置菜单

2. 华中系统数控铣床机床控制面板说明（图 1-10）

图 1-10　华中系统数控铣床机床控制面板

：自动运行程序。

：单行运行程序。

：手动操作机床。

：手轮操作机床。

：机床回零操作。

：机床正转。

：切削液开关。

：选择手轮进给倍率。

：选择手动进给轴。

：手动快速进给按钮。

：选择移动方向。

：绿色按钮表示开启系统，红色按钮表示关闭系统。

：主轴倍率调整旋钮。

：进给倍率调整旋钮。

：急停按钮。

：绿色按钮表示连续运行程
序，红色按钮表示暂停运行程序。

3. 手轮

手轮又称为手摇脉冲发生器，如图 1-11 所
示，在使用过程中，要长按左侧白色控制开关，
同时转动手轮，相应坐标轴才会移动。

参照华中世纪星系统数控机床操作面板说
明，在学校实习工厂的数控铣床上找出对应的
按钮并做记录。请选择需要使用的功能按钮
填空。

控制开关
（白色）

图 1-11　手轮

1）设备运行中，遇到紧急事件需立即停止时，应按下（　　　）。

2）使用手轮进给时，应按下（　　　）。

3）机器运行中，如需提高主轴转速，应使用（　　　）调节。

4）输入程序时，如需移动光标，应使用（　　　）。

5）系统复位操作时，应按下（　　　）。

4. 数控铣床刀具

数控铣床刀具是指能对工件进行切削加工的工具。数控铣床使用的刀具主要有铣削用刀具和孔加工用刀具两类。铣削刀具主要用于铣削面轮廓、槽面、台阶等。

5. 数控铣床刀柄

数控铣床/加工中心上用的立铣刀和钻头大多采用装夹方式安装在刀柄上，刀柄由主柄部、夹紧螺母和弹簧夹套组成，如图1-12所示。

根据不同机床，在刀柄的主柄部配置不同的拉钉。

铣刀的安装顺序如下：

1）根据铣刀规格，把相应的弹簧夹套（图1-13）放置在夹紧螺母内。

2）将夹紧螺母安装到刀柄（图1-14）上，并旋转两圈左右，保证弹簧夹套在夹紧螺母中正确定位。

3）将铣刀放入弹簧夹套内，并用扳手将夹紧螺母拧紧，以便夹紧刀具。

主柄部

夹紧螺母　　　　　　弹簧夹套

图1-12　刀柄结构　　　　　　图1-13　弹簧夹套　　　　　　图1-14　刀柄

第二部分　计划与实施

引导问题：

使用数控铣床加工零件前，需要做哪些准备工作？

四、生产前的准备

1. 认真阅读零件图（SKSX-01-01），**进行产品分析，并填写表1-1**

表1-1　分析零件图

项　目	分析内容
标题栏信息	零件名称及图号： 零件材料： 毛坯规格：
零件形体	描述零件主要结构：
表面粗糙度	零件加工表面粗糙度：
其他技术要求	描述零件其他技术要求：

2. 准备工、量具等

夹具：

刀具：

量具：

其他工具或辅具：

3. 填写工序卡（表1-2）

表1-2 工序卡

序号	工步内容	刀具类型	刀具规格尺寸/mm	主轴转速/(r/min)	进给速度/(mm/min)	背吃刀量/mm
1						
2						
3						
4						

引导问题：

如何正常起动数控铣床？按照怎样的步骤才能安全地加工出合格零件？

五、在数控铣床上完成零件加工

按下列操作步骤，分步完成零件加工，并记录操作过程。

1. 开机

（1）打开电源（表1-3）

表1-3 操作过程

操作步骤	操作内容	过程记录
1	打开外部电源开关	
2	打开机床电气柜总开关：机床上电	
3	按下操作面板上的绿色"电源"按钮 ◯ ：系统上电	
4	等待系统进入待机界面后，打开"紧急停止"按钮 ◯	

（2）手动返回参考点（表1-4）

表1-4 操作过程

操作步骤	操作内容	过程记录
1	按"返回参考点"按钮	
2	在 X Y Z 中，先按 Z 轴按钮，选择 Z 轴返回参考点，接着按下 X、Y 轴按钮	
3	调节"进给倍率"开关，控制返回参考点速度	

2. 装夹毛坯

将毛坯装夹在机用虎钳上，用直角尺找正毛坯，保证毛坯高出钳口10mm。

3. 选择刀具和装夹刀具（表 1-5）

表 1-5　操作过程

操作步骤	操 作 内 容	过程记录
1	根据加工要求，选择刀具	
2	选择相关弹簧夹套，将刀具装到刀柄上并锁紧	
3	在"手动"　或"增量"　模式下，按"锁刀"按钮，将刀具放入主轴锥孔内（注意保持主轴锥孔及刀柄的清洁），使主轴矩形凸起部分正好卡入刀柄矩形缺口处，这时松开"锁刀"按钮，刀具即被主轴拉紧	

4. 在 MDI 状态起动主轴（表 1-6）

表 1-6　操作过程

操作步骤	操 作 内 容	过程记录
1	按　按钮，按　按钮显示 MDI 界面	
2	输入"M3 S1000"，按　按钮	
3	按"循环启动"按钮　，主轴正转起动	

5. 手动完成平面加工（表 1-7）

表 1-7　操作过程

操作步骤	操 作 内 容	过程记录
1	选择"增量"模式　，选择 Z 轴，选择"×100"倍率	
2	沿逆时针方向旋转手轮，刀具接近工件	
3	刀具快靠近工件时，将倍率开关旋至"×10"倍率	
4	沿逆时针方向旋转手轮，刀具接近工件直到切削到工件表面时停止	
5	按"位置"按钮　，记录该位置的 Z 坐标值	
6	将倍率开关旋至"×100"倍率，选择 Z 轴，沿顺时针方向旋转手轮，使刀具离开工件上表面	
7	选择 X 轴，将刀具移至工件左下角最大直径处，然后选择 Z 轴，将其下降至高度为 Z−0.5mm	
8	选择 X 轴，将倍率开关旋至"×10"倍率，沿顺时针方向均匀摇动手轮进行平面切削	
9	当切完第一刀后，选择 Y 轴，旋转手轮增加 Y 坐标值，Y 坐标值的增加量为刀具直径的 75%	
10	选择 X 轴，将倍率开关旋至"×10"倍率，沿逆时针方向均匀摇动手轮进行平面切削	
11	切完第二刀后，再将 Y 坐标值增加刀具直径的 75%，如此循环将整个平面切平（注意 Z 坐标值保持不变）	
12	抬起刀具至安全高度	
13	主轴停止运转	
14	拆下工件，去毛刺，尖角倒钝	

6. 清理机床，整理工、量、辅具等（表1-8）

表1-8　操作过程

操作步骤	操作内容	过程记录
1	从机床上将刀柄卸下来(与装刀顺序相反),注意保护刀具不要让其从主轴上掉下来,对于较重刀具或力量不够的同学要请其他同学帮助保护	
2	将刀具从刀柄上卸下来	
3	将机床 Z 轴手动返回参考点,移动 X、Y 轴使工作台处于床身中间位置	
4	清理机用虎钳和工作台上的切屑	
5	用抹布擦拭机床外表面、操作面板、工作台、工具柜等	
6	整理工、量、辅具及刀具等,需要归还的工具应及时归还	
7	按要求清理工作场地,填写交接班表格等	

第三部分　评价与反馈

六、自我评价（表1-9）

表1-9　自我评价

序号	评价项目	是	否
1	认真阅读并理解数控铣床操作规程		
2	认真观察学校实习工厂的数控铣床,并能说出每一部分结构的名称及作用		
3	认识本次课要使用的所有工、量、夹具、辅具及刀具等,并能按要求正确使用		
4	正确分析零件的形体,填写工序卡		
5	认真按照操作步骤指引,独立完成平面加工		
6	诚恳接受小组同学的监督指导,有问题虚心向同学及老师请教		
7	做好清理、清扫工作,认真填写好交接班表等表格		

七、小组评价（表1-10）

表1-10　小组评价

序号	评价项目	评价
1	着装符合安全操作规范	
2	认真学习"学习准备"中的内容并完成相关工作页	
3	正确完成工作准备,图样分析及工序卡填写无错误	
4	开机操作正确、规范	
5	装刀动作规范、安全,节奏合理,效率高,刀具装夹长度合适	
6	工件装夹符合加工要求	
7	加工过程严格按照操作步骤指引,不能私自更改操作顺序	
8	接受同学监督,操作过程受到同学质疑时能虚心接受意见,与同学共同探讨或请教老师	
9	操作过程中未出现过切、撞刀等安全事故	
10	机床清扫干净,工、量、辅具及刀具摆放整齐,交接班等表格填写合格,字迹工整	

评价人：　　　　　　　　　　　　　　　　　　　　　　　　　年　　月　　日

八、教师评价（表 1-11）

表 1-11 教师评价

序号	评 价 项 目	教师评价			
		优	良	中	差
1	无迟到、早退,中途缺课、旷课等现象				
2	着装符合要求,遵守实训室安全操作规程				
3	工作页填写完整				
4	学习积极主动,独立完成加工任务				
5	工、量、辅具及刀具使用规范,机床操作规范				
6	有去毛刺				
7	与小组成员积极沟通并协助其他成员共同完成学习任务				
8	使用机床操作说明书等其他学习材料,丰富对数控机床及其操作的认识				
9	认真做好工作现场的 6S 工作				
10	教师综合评价				

第四部分 拓   展

加工夹位,夹位尺寸如图 1-15 所示。根据图样要求完成夹位的加工。

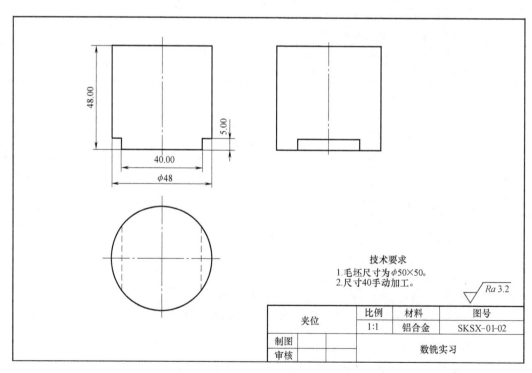

图 1-15 夹位零件图

任务二

正方形外形轮廓件加工

学习目标

通过对正方形外形轮廓件加工这一学习任务的学习，学生能：

1. 在教师的指导下，描述数控铣削加工程序的基本结构。

2. 描述 G01、G90、G00、G54、M03、M05、M30、M08、G80、G91 等指令的含义及格式。

3. 按照企业的生产要求，根据零件图样，以小组合作的形式，制订正方形外形轮廓件的加工工艺。

4. 按照数控铣床安全操作规程的动作和步骤，手工录入加工程序，并对程序进行校验和编辑。

5. 对工件进行分中对刀和建立坐标系。

6. 使用指令编写正方形加工程序。

7. 在单段模式下完成平面、矩形轮廓的首件试切加工。

建议学时

8 学时。

学习任务描述

某公司委托我单位加工一批配件，如图 2-1 所示，批量 100 件，要求在 3 天内完成加工。生产管理部已下达加工任务，任务完成后提交成品及检验报告。

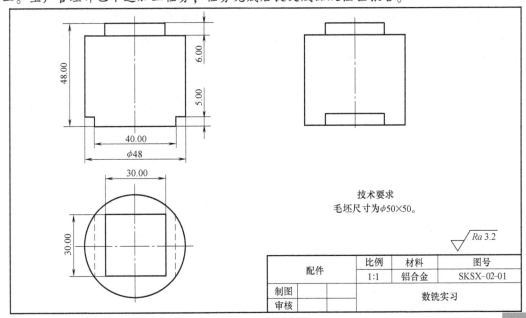

图 2-1　配件零件图

第一部分　学 习 准 备

引导问题:

　　使用数控机床加工零件时,可以编写数控程序并将其输入机床的数控系统中,用程序控制机床完成加工。那么,数控程序的结构和格式是怎样的?

一、数控程序的结构与格式

1. 指令字

　　(1) 顺序号字 N　顺序号又称为程序段号或程序段序号。顺序号位于程序段之首,由顺序号字 N 和后续数字组成。

　　(2) 准备功能字 G　准备功能字的地址符是 G,又称为 G 功能或 G 指令,用于建立机床或控制系统工作方式。

　　(3) 尺寸字　尺寸字用于确定机床上刀具运动终点的坐标位置。

　　其中,第一组 X、Y、Z、U、V、W、P、Q、R 用于确定终点的直线坐标尺寸;第二组 A、B、C、D、E 用于确定终点的角度坐标尺寸。

　　(4) 进给功能字 F　进给功能字的地址符是 F,又称为 F 功能或 F 指令,用于指定切削的进给速度。对于数控铣床,F 指令指定的是每分钟进给量。F 指令在螺纹切削程序段中常用于指定螺纹的导程。

　　(5) 主轴转速功能字 S　主轴转速功能字的地址符是 S,又称为 S 功能或 S 指令,用于指定主轴转速,单位为 r/min。

　　(6) 刀具功能字 T　刀具功能字的地址符是 T,又称为 T 功能或 T 指令,用于指定加工时所用刀具的编号。对于数控车床,其后的数字还兼作指定刀具长度补偿和刀尖圆弧半径补偿用。

　　(7) 辅助功能字 M　辅助功能字的地址符是 M,后续数字一般为 1~3 位正整数,又称为 M 功能或 M 指令,用于指定数控机床辅助装置的开关动作。

2. 程序段

　　一个数控加工程序是由若干个程序段组成的。程序段格式是指程序段中的字、字符和数据的排列形式。程序段格式举例:

　　N30 G01 X88.1 Y30.2 F500 S3000 T02 M08;

　　N40 X90;(该程序段省略了续效字"G01 Y30.2 F500 S3000 T02 M08",但它们的功能仍然有效。)

　　在程序段中,必须明确组成程序段的各要素:

　　1) 移动目标:终点坐标值 X、Y、Z。

　　2) 沿怎样的轨迹移动:准备功能字 G。

　　3) 进给速度:进给功能字 F。

　　4) 切削速度:主轴转速功能字 S。

　　5) 使用刀具:刀具功能字 T。

　　6) 机床辅助动作:辅助功能字 M。

3. 程序结构（图2-2）

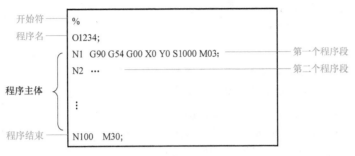

图 2-2　程序结构

请分析上述内容，完成下面填空。

1) 一个完整的加工程序结构包括开始符、_____、_____和_____。

2) 程序中字符 N 的含义是_____。

引导问题：

使用数控机床自动加工正方形外形轮廓件时，刀具需要完成快速定位及直线进给等运行轨迹，那么数控机床的快速定位及直线进给的控制指令应该如何编写？

二、相关指令含义、格式及应用

G00：快速定位，指令格式：G00 X_Y_Z_；

G01：直线插补，指令格式：G01 X_Y_Z_F_；

G17：选择 XOY 平面；G54：设定工件坐标系；G90：绝对坐标；G91：相对坐标；G80：取消固定循环。

M03：主轴正转；M04：主轴反转；M05：主轴停转；M30：程序结束。

S1200：主轴转速为 1200r/min。

1. G00 快速定位

G00 快速定位指令是刀具相对于工件分别以各轴快速移动速度由始点（当前点）快速移动到终点定位。当是绝对值 G90 指令时，刀具分别以各轴快速移动速度移至工件坐标系中坐标为 (X, Y, Z) 的点上；当是增量值 G91 指令时，刀具则移至距始点（当前点）坐标为 (X, Y, Z) 的点上。各轴快速移动速度可分别用参数设定。在执行加工程序时，还可以在操作面板上用快速进给速率修调旋钮来调整控制。

例如，刀具由点 A 移动至点 B，X 轴和 Y 轴的快速移动速度均为 4000mm/min，程序为：

G90 G00 X40.0 Y30.0 F4000；

或者　G91 G00 X20.0 Y20.0 F4000；

如图 2-3 所示，刀具的进给路线为一折线，即刀具从起始点 A 先沿 X 轴、Y 轴同时移动至点 B，然后再沿 X 轴移动至终点 C。

2. G01 直线插补

G01 直线插补指令是刀具相对于工件以 F 指令的进给速度从当前点（始点）向终点进行直线插补。F 代码是进给速度指令代码，在没有新的 F 指令以前一直有效，不必在每个程序段中都写入 F 指令。

例如，刀具由点 A 加工至点 B，程序为：

G90 G01 X60.0 Y30.0 F200；

或者　G91 G01 X40.0 Y20.0 F200；

F200 是指从始点 A 向终点 B 进行直线插补的进给速度为 200mm/min，刀具的进给路线如图 2-4 所示。

如图 2-5 所示刀具进给路线，要求刀具由原点按顺序移动到点 1、2、3，使用 G90 和 G91 指令编程。

使用 G90 指令编程时，点 1、2、3 的坐标都是以坐标系中的 O 点为原点，因此编程时点 1 坐标为（20，15），点 2 坐标为（40，45），点 3 坐标为（60，25）。

使用 G91 指令编程时，点 1 坐标是以 O 点为原点，因此点 1 坐标为（20，15）；当刀具由点 1 开始向点 2 移动时，是将点 1 的位置作为坐标原点，因此点 2 以点 1 为原点的坐标为（40−20，45−15），即点 2 相对点 1 的坐标为（20，30）；点 3 以

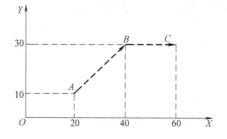

图 2-3　G00 快速定位路线

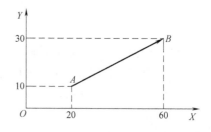

图 2-4　G01 直线插补路线

点 2 为原点的坐标为（60−40，25−45），即点 3 相对点 2 的坐标为（20，−20）。

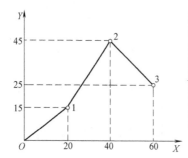

G90编程	G91编程
% O0001； N1 G90 G01 X20 Y15； N2 G90 G01 X40 Y45； N3 G90 G01 X60 Y25； N4 M30；	% O0002； N1 G91 G01 X20 Y15； N2 G91 G01 X20 Y30； N3 G91 G01 X20 Y−20； N4 M30；

图 2-5　绝对值编程与相对值编程

通过上述例子的学习，请完成下面程序的编写。若刀具由图 2-4 中的点 B 移动至点 A，直线插补的进给速度为 300mm/min 时，则程序为：

G90 G01 X_ Y_ F_；或者　G91 G01 X_ Y_ F_；

引导问题：

在数控铣床上加工零件之前，需要确定工件在机床工作台上的位置，设定工件上的某一点在机床坐标系中坐标值的过程称为对刀操作，对刀操作可用来建立工件坐标系。那么我们如何进行对刀操作，并建立工件坐标系呢？

三、工件坐标系的建立和对刀方法简介

对刀操作是设定刀具上某一点在工件坐标系中坐标值的过程，对于圆柱形铣刀，一般是指切削刃底平面的中心；对于球头铣刀，也可以指球头的球心。实际上，对刀的过程就是建立机床坐标系与工件坐标系对应位置关系的过程。

对刀之前，应先将工件毛坯准确定位装夹在工作台上。对于较小的工件，一般安装在机用虎钳或专用夹具上；对于较大的工件，一般直接安装在工作台上。安装时要使工件的基准方向和 X、Y、Z 轴的方向一致，并且切削时刀具不会碰到夹具或工作台，然后将工件夹紧。

常用的对刀方法是手工对刀法，一般使用刀具、检验棒或百分表（千分表）等工具，更方便的方法是使用光电对刀仪。

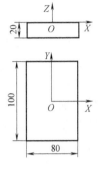

图 2-6　方形工件

1. 用 G92 指令建立工件坐标系的对刀方法

G92 指令的功能是设定工件坐标系，执行 G92 指令时，系统将指令后的 X、Y、Z 值设定为刀具当前位置在工件坐标系中的坐标，即通过设定刀具相对于工件坐标系原点的值来确定工件坐标系的原点。

（1）方形工件的对刀步骤　如图 2-6 所示，通过对刀将图中所示方形工件 X、Y、Z 坐标的零点设定成工件坐标系的原点。操作步骤如下：

1）安装工件，将工件毛坯装夹在工作台上，用手动方式分别返回 X 轴、Y 轴和 Z 轴机床参考点。采用点动进给方式、手轮进给方式或快速进给方式，分别移动 X 轴、Y 轴和 Z 轴，将主轴刀具先移到靠近工件 X 方向的对刀基准面——工件毛坯的右侧面，如图 2-7 所示。

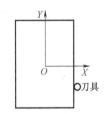

图 2-7　X 方向对刀时的刀具位置

2）主轴正转，在手轮进给方式下，转动手摇脉冲发生器慢慢移动机床 X 轴，使刀具侧面接触工件 X 方向的基准面，使工件上出现一处极微小的切痕，即刀具正好碰到工件侧面，如图 2-8 所示。

设工件的实际尺寸为 80mm×100mm，使用的刀具直径为 8mm，这时刀具中心相对于工件 X 轴零点的坐标为：80mm/2+8mm/2＝44mm。

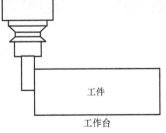

图 2-8　刀具侧面接触工件

3）将机床工作方式转换成手动数据输入方式，按"程序"键，进入手动数据输入方式下的程序输入状态，输入"G92"，按"输入"键；再输入此时刀具中心的 X 坐标值"X44"，按"输入"键。此时已将刀具中心相对于工件坐标系原点的 X 坐标值输入。

按"循环启动"按钮执行"G92 X44"这一程序，使刀具侧面和工件的前侧面（即靠近操作人员的工件侧面）正好相接触，这时 X 坐标已设定好，如果按"位置"键，则屏幕上显示的 X 坐标值为输入的坐标值，即当前刀具中心在工件坐标系的坐标值。

4）按照上述步骤同样再对 Y 轴进行操作，这时刀具中心相对于工件 Y 轴零点的坐标为：$(-100mm/2)+(-8mm/2) = -54mm$。在手动数据输入方式下，输入"G92"和"Y-54"，并按"输入"键，这时刀具的 Y 坐标已设定好。

5）对 Z 轴进行同样的操作，此时刀具中心相对于工件坐标系原点的 Z 坐标为 0，输入"G92"和"Z0"，按"输入"键，这时刀具的 Z 坐标也已设定好。实际上工件坐标系的零点已设定到图 2-9 所示的位置上。

（2）注意事项

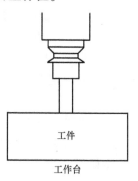

工件

工作台

图 2-9　Z 方向对刀时的刀具位置

1）由于刀具的实际直径可能要比其标称直径小，对刀时要按刀具的实际直径来计算。工件上的对刀基准面应选择工件上的重要基准面。如果欲选择的基准面不允许产生切痕，则可在刀具和基准面之间加上一块厚度准确的薄垫片。

2）用 G92 指令建立工件坐标系后，如果机床关机，则建立的工件坐标系将丢失，重新开机后必须再对刀建立工件坐标系。

2．用 G54~G59 指令建立工件坐标系的对刀方法

根据上述对刀的方法可知，对刀时如果用 G92 指令建立工件坐标系，关机后建立的工件坐标系将丢失，因此对于批量加工的工件，即使工件依靠夹具能在工作台上准确定位，用 G92 指令来对刀和建立工件坐标系也不太方便，这时经常使用和机床参考点位置相对固定的工件坐标系，即通过 G54~G59 六个指令来选择对应的工件坐标系，并依次称它们为工件坐标系 1、工件坐标系 2、…、工件坐标系 6。这六个工件坐标系是通过输入每个工件坐标系的原点到机床参考点的偏移值而建立的，并且可以为六个工件坐标系指定一个外部工件零点偏移值作为共同偏移值。

常用 G54 来设定工件坐标系，下面针对华中世纪星 HNC-210B 数控铣床操作系统来介绍对刀步骤。工件对刀及位置如图 2-10 所示。

1）X 轴对刀：铣刀碰工件左边→坐标设置→坐标系→光标停在 X 轴→按"记录 1"→Z 轴抬起刀→铣刀碰工件右边→坐标设置→坐标系→光标停在 X 轴→按"记录 2"→分中。

2）Y 轴对刀：铣刀碰工件前面→坐标设置→坐标系→光标停在 Y 轴→按"记录 1"→Z 轴抬起刀→铣刀碰工件后面→坐标设置→坐标系→光标停在 Y 轴→按"记录 2"→分中。

3）Z 轴对刀：铣刀碰工件上表面→坐标设置→坐标系→光标停在 Z 轴→按"当前位置"。

阅读上述操作过程，判断下列做法是否安全（安全的打"√"，不安全的打"×"）。

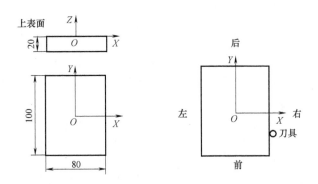

图 2-10　工件对刀及位置

1. 在对刀时，主轴转速应小于 300r/min。（　　）
2. 在对刀时，选择"×100"倍率，沿顺时针方向旋转手轮，使刀具靠近毛坯。（　　）
3. 在完成工件一侧的对刀操作后，在不抬起 Z 轴的情况下直接进行另一侧边的对刀操作。（　　）

第二部分　计划与实施

引导问题：

本学习任务是在数控铣床上完成正方形外形轮廓件加工，那么在加工前，要做哪些准备工作？

四、生产前的准备

1. 认真阅读零件图，完成表 2-1

表 2-1　分析零件图

项　　目	分　析　内　容
标题栏信息	零件名称： 零件材料： 毛坯规格：
零件形体	描述零件主要结构：
表面粗糙度	零件加工表面粗糙度：
其他技术要求	描述零件其他技术要求：

2. 准备工、量具等
夹具：

刀具：

量具：

其他工具或辅具：

3. 填写数控加工工序卡（表2-2）

表2-2　数控加工工序卡

单位名称		零件名称		零件图号		材料		硬度	
工序号		工序名称		设备名称 数控铣床		设备型号		夹具	
	数控加工工序卡		加工车间						
工步号	工步内容	刀具类型	刀具规格尺寸/mm	程序名	切削速度/(m/min)	主轴转速/(r/min)	进给量/(mm/r)	进给速度/(mm/min)	背吃刀量/mm	进给次数	备注
编制		审核		批准			共　页		第　页

注：1. 切削速度与主轴转速任选一个进行填写。
2. 进给量与进给速度任选一个进行填写。

要在数控铣床上自动完成正方形外形轮廓件的加工，应如何编写加工程序？

五、手工编程

根据填写的数控加工工序卡，手工编写正方形外形轮廓件数控加工程序（表 2-3），在下划线处填写合适数值，完成程序编写。

表 2-3　30mm×30mm 正方形外形轮廓件数控加工程序单

序号	程 序 内 容	备　　注
1	O0001;	程序名
2	G90 G21 G80 G40 G54;	系统复位
3	G00 X_Y_M03 S_;	刀具 X、Y 方向定位,主轴正转起动
4	Z100;	刀具 Z 方向到安全高度
5	Z10;	刀具 Z 方向到进给下刀位
6	G01 Z-2 F_;	刀具 Z 方向进给下刀
7	G01 X_ Y_ F_;	切削加工到第一节点
8	G01 X_ Y_;	切削加工到第二节点
9	G01 X_ Y_;	切削加工到第三节点
10	G01 X_ Y_;	切削加工到第四节点
11	G01 X_ Y_;	切削加工到第一节点
12	G00 Z100;	刀具 Z 方向抬刀至安全高度
13	M05;	主轴停止
14	M30;	程序结束,返回程序开始

表 2-3 中所列程序仅供参考，刀具定位点应根据所选铣刀的大小来确定，第一、二、三、四节点定位也应根据铣刀的大小来确定。

表 2-3 中所列程序背吃刀量为 2mm，但图样要求切削深度是 6mm，因此该程序要循环 3 次才能全部加工完。

引导问题：

按照怎样的步骤才能加工出合格零件？

六、在数控铣床上完成零件加工

按下列操作步骤，分步完成零件加工，并记录操作过程。

1. 开机

（1）打开电源（表 2-4）

表 2-4　操作过程

操作步骤	操 作 内 容	过程记录
1	打开外部电源开关	
2	打开机床电气柜总开关;机床上电	
3	按操作面板上的绿色"电源"按钮 ⚪;系统上电	
4	等待系统进入待机界面后,打开"紧急停止"按钮	

（2）手动回参考点（表2-5）

表2-5　操作过程

操作步骤	操作内容	过程记录
1	按"返回参考点"按钮	
2	在 X　Y　Z 中，先按下Z轴按钮，选择Z轴返回参考点，接着按下X、Y轴按钮	
3	调节"进给倍率"开关，控制返回参考点速度	

2. 装夹毛坯

将毛坯装夹在机用虎钳上，将已经加工好的夹位作为夹持位，夹好后要保证钳口上表面与毛坯夹位底面贴紧。

3. 选择刀具和装夹刀具（表2-6）

表2-6　操作过程

操作步骤	操作内容	过程记录
1	根据加工要求，选择刀具	
2	选择相关弹簧夹套，将刀具装到刀柄上并锁紧	
3	在"手动" 或"增量" 模式下，按"锁刀"按钮，将刀具放入主轴锥孔内（注意保持主轴锥孔及刀柄的清洁），使主轴矩形凸起部分正好卡入刀柄矩形缺口处，这时松开"锁刀"按钮，刀具即被主轴拉紧	

4. 在MDI状态起动主轴（表2-7）

表2-7　操作过程

操作步骤	操作内容	过程记录
1	按 按钮，按 按钮显示MDI界面	
2	输入"M3 S1000"，按 确认 按钮	
3	按"循环启动"按钮 ，主轴正转起动	

5. 使用刀具进行分中对刀（表2-8）

表2-8　操作过程

操作步骤	操作内容	过程记录
1	在"手动" 模式下，按 X　Y　Z 中的X轴按钮，长按 + － 上的"+"或"-"，使刀具靠近毛坯左侧，刀具低于毛坯上表面5mm	
2	选择"增量" 模式，选择X轴，选择"×100"倍率，沿顺时针方向旋转手轮，使刀具进一步靠近毛坯，然后选择"×10"倍率，沿顺时针方向分步一格一格地旋转手轮，当刀具切削到工件表面时停止	
3	在 界面，选择"坐标设置"，按"光标移动"选中X轴，按"记录1"	
4	选择Z轴，选择"×100"倍率，沿顺时针方向旋转手轮，抬刀至高于毛坯上表面5mm的位置	

（续）

操作步骤	操 作 内 容	过程记录
5	选择 X 轴,选择"×100"倍率,沿顺时针方向旋转手轮,移动刀具至毛坯右侧	
6	选择 Z 轴,选择"×100"倍率,沿逆时针方向旋转手轮,下刀至低于毛坯上表面5mm的位置	
7	选择 X 轴,选择"×10"倍率,沿逆时针方向旋转手轮,移动刀具靠近毛坯,当刀具切削到毛坯表面时停止;在 界面,选择"坐标设置",按"光标移动"选中 X 轴,按"记录2",分中	
8	选择 Z 轴,选择"×100"倍率,沿顺时针方向旋转手轮,抬刀至高于毛坯上表面5mm的位置	
9	选择 Y 轴,选择"×100"倍率,沿顺时针方向旋转手轮,使刀具移动到毛坯后面	
10	选择 Z 轴,选择"×100"倍率,沿逆时针方向旋转手轮,下刀至低于毛坯上表面5mm的位置	
11	选择 Y 轴,选择"×10"倍率,沿逆时针方向旋转手轮,移动刀具靠近毛坯,当刀具切削到毛坯表面时停止	
12	在 界面,选择"坐标设置",按"光标移动"选中 Y 轴,按"记录1"	
13	选择 Z 轴,选择"×100"倍率,沿顺时针方向旋转手轮,抬刀至高于毛坯上表面5mm的位置	
14	选择 Y 轴,选择"×100"倍率,沿逆时针方向旋转手轮,移动刀具至毛坯前面	
15	选择 Z 轴,选择"×100"倍率,沿逆时针方向旋转手轮,下刀至低于毛坯上表面5mm的位置	
16	选择 Y 轴,选择"×10"倍率,沿顺时针方向旋转手轮,移动刀具靠近毛坯,当刀具切削到毛坯表面时停止;在 界面,选择"坐标设置",按"光标移动"选中 Y 轴,按"记录2",分中	
17	选择 Z 轴,选择"×100"倍率,沿顺时针方向旋转手轮,抬刀至高于毛坯上表面5mm的位置	
18	选择 Z 轴,选择"×10"倍率,沿逆时针方向旋转手轮,移动刀具,当刀具切削到毛坯表面时停止;在 界面,选择"坐标设置",按"光标移动"选中 Z 轴,按"当前位置"	
19	将刀具抬高至安全高度,主轴停止,完成对刀操作	

6. 录入并校验程序（表2-9）

表2-9 操作过程

操作步骤	操 作 内 容	过程记录
1	在"自动"模式 下,选择 界面,选择创建的程序	
2	录入加工程序,保存	
3	在 界面,选择需要校验的加工程序	
4	在"自动"模式 下,按"空运行" →"Z轴锁住" →"机床锁住" →"返回"按钮→"显示切换"按钮两次,切换到等轴视图界面,按"循环启动"按钮 ,机床开始空运行	
5	模拟加工路径,检查刀具进给轨迹是否正确	

7. 自动运行，完成加工（表2-10）

表2-10　操作过程

操作步骤	操作内容	过程记录
1	在"自动"模式 下，选择"单段" ，按"循环启动"按钮 ，开始运行程序	
2	将"进给倍率"开关 旋至1%的位置	
3	重复按"循环启动"按钮 ，一段段执行程序	
4	待程序运行到"Z10"前，通过"进给倍率"开关控制刀具移动速度，随时观察刀具位置是否正确	
5	运行到"Z10"时，若检查刀具位置正确，则关闭"单段"模式	
6	按"循环启动"按钮 ，将"进给倍率"开关调整为100%，进行切削加工	

8. 清理机床，整理工、量、辅具等（表2-11）

表2-11　操作过程

操作步骤	操作内容	过程记录
1	从机床上将刀柄卸下来（与装刀顺序相反），注意保护刀具不要让其从主轴上掉下来，对于较重刀具或力量不够的同学要请其他同学帮助保护	
2	将刀具从刀柄上卸下来	
3	将机床Z轴手动返回参考点，移动X、Y轴使工作台处于床身中间位置	
4	清理机用虎钳和工作台上的切屑	
5	用抹布擦拭机床外表面、操作面板、工作台、工具柜等	
6	整理工、量、辅具及刀具等，需要归还的工具应及时归还	
7	按要求清理工作场地，填写交接班表格等	

第三部分　评价与反馈

七、自我评价（表2-12）

表2-12　自我评价

序号	评价项目	是	否
1	是否能分析出零件的正确形体		
2	前置作业是否全部完成		
3	是否完成小组分配的任务		
4	是否认为自己在小组中不可或缺		
5	是否严格遵守课堂纪律		
6	在本次学习任务执行过程中，是否主动帮助同学		
7	对自己的表现是否满意		

八、小组评价（表2-13）

表2-13　小组评价

序号	评价项目	评价
1	团队合作意识,注重沟通	
2	能自主学习及相互协作,尊重他人	
3	学习态度积极主动,能参加安排的活动	
4	能正确地领会他人提出的学习问题	
5	遵守学习场所的规章制度	
6	具有工作岗位的责任心	
7	主动学习	
8	能正确对待肯定和否定的意见	
9	团队学习中的主动与合作意识	

评价人：　　　　　　　　　　　　　　　　　　　　　　年　　月　　日

九、教师评价（表2-14）

表2-14　教师评价

序号	评价项目	教师评价			
		优	良	中	差
1	按时上课,遵守课堂纪律				
2	着装符合要求,遵守实训室安全操作规程				
3	学习的主动性和独立性				
4	工、量、辅具及刀具使用规范,机床操作规范				
5	主动参与工作现场的6S工作				
6	工作页填写完整				
7	与小组成员积极沟通并协助其他成员共同完成学习任务				
8	会快速查阅各种手册等资料				
9	教师综合评价				

第四部分　拓　　展

拓展任务一：根据图2-11所示图样手工编写加工程序，并在数控机床上加工完成。

已知：毛坯尺寸为70mm×50mm。$A(30,25)$、$B(20,0)$、$C(20,-20)$、$D(-20,-20)$、$E(-20,0)$、$F(-30,25)$，切削深度为2mm。试用G00、G01指令编制铣削程序。

拓展任务二：根据图 2-12 所示图样手工编写加工程序，并在数控机床上加工完成。试用 G00、G01、G02、G03 指令综合编制铣削程序。

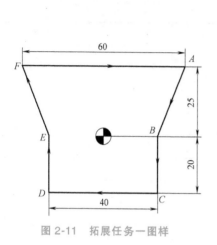

图 2-11　拓展任务一图样

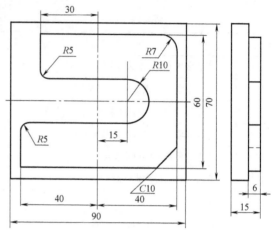

图 2-12　拓展任务二图样

知识链接：圆弧插补指令 G02、G03

图 2-12 中在圆弧插补手工编程时，会用到圆弧插补指令。

具体格式如下：

1）顺时针圆弧插补：G02 X_ Y_ Z_ I_ J_ K_；

2）逆时针圆弧插补：G03 X_ Y_ Z_ I_ J_ K_；

格式说明：

① X、Y、Z 为圆弧终点坐标。

② I、J、K 为圆弧的圆心坐标相对于圆弧起点的坐标增量，即用圆心坐标值减去圆弧起点坐标值。

任务三

五角星加工

学习目标

通过对五角星加工这一学习任务的学习，学生能：

1. 以小组合作的形式，制订五角星加工工艺。

2. 使用 Mastercam 绘制五角星的二维轮廓图。

3. 使用 CAM 软件编制平面、外形、挖槽等加工刀路。

4. 使用百分表进行翻面找正。

5. 按照制订好的工艺流程，正确操作数控机床加工出合格的五角星零件。

6. 使用外径千分尺进行尺寸的精度检测。

建议学时

12 学时。

学习任务描述

某公司委托我单位加工一批配件，如图 3-1 所示，批量 100 件，要求在 3 天内完成加工。生产管理部已下达加工任务，任务完成后提交成品及检验报告。该配件的实体图如图 3-2 所示，其评分标准见表 3-1。

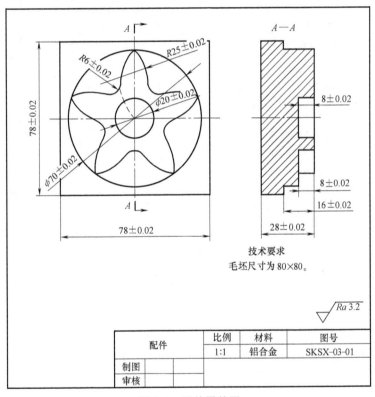

图 3-1　配件零件图

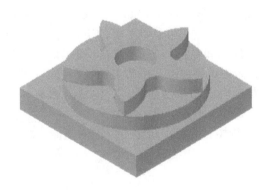

图 3-2　配件实体图

表 3-1　评分标准　　　　　　　　　　　　（单位：mm）

定额时间		150min		考核日期		总得分			
序号	考核项目	考核内容及要求		配分	评分标准	检测结果	扣分	得分	备注
1	78×78 轮廓	78±0.02（2 处）	IT12	16 分	超差 0.02 扣 2 分				
2		高度 28±0.02	IT15	8 分	超差 0.02 扣 2 分				
3	φ70 圆柱凸台	φ70±0.02	IT12	10 分	超差 0.02 扣 2 分				
4		高度 16±0.02	IT15	8 分	超差 0.02 扣 2 分				
5	五角凸台	圆弧 R25±0.02	IT18	10 分	超差 0.02 扣 2 分				
6		R6±0.02	IT18	5 分	超差 0.02 扣 2 分				
7		高度 8±0.02	IT15	8 分	超差 0.02 扣 2 分				
8	φ20 圆孔	φ20±0.02	IT12	9 分	超差 0.02 扣 3 分				
9		孔深度 8±0.02	IT15	8 分	超差 0.02 扣 2 分				
10	表面粗糙度	各加工面	$Ra3.2\mu m$	8 分	降一级扣 2 分/处				
11	文明生产	正确使用数控机床和工、量、辅具		10 分	工、量、辅具摆放不整齐扣 5 分，数控机床操作不当扣 5 分				
合计				100 分					

第一部分　学习准备

引导问题：

请大家思考一下，CAM 软件是一种什么样的软件？在进行零件加工前，需要完成哪些图素的构造？

一、CAM 软件简介

计算机辅助制造（Computer Aided Manufacturing，CAM）是利用计算机来进行生产设备的管理、控制和操作的过程。它的输入信息是零件的工艺路线和工序内容，输出信息是刀具加工时的运动轨迹（刀位文件）和数控程序。1952 年美国麻省理工学院首先研制出一台实验型数控铣床。数控的特征是由编码在穿孔纸带上的程序指令来控制机床。此后发展了一系列的数控机床，包括称为加工中心的多功能机床，能从刀库中自动换刀和自动转换工作位置，能连接完成钻、铰、攻螺纹等多道工序。

CAM 系统一般具有数据转换和过程自动化两方面的功能。CAM 所涉及的范围，包括计算机数控和计算机辅助过程设计。

引导问题：

CAM 工作界面由哪些部分组成？

二、CAM 工作界面

CAM 工作界面如图 3-3 所示。

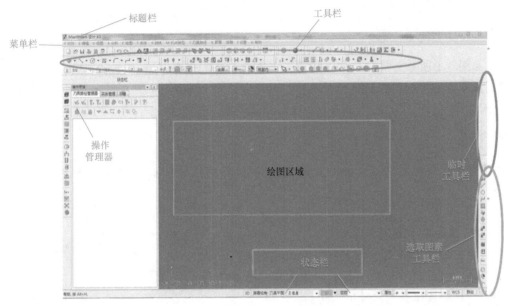

图 3-3　CAM 工作界面

引导问题：

请同学们仔细观察图 3-1，认真分析，在进行刀路编制之前，需要完成哪些二维造型？

三、零件的二维造型

1）在进行零件二维造型之前，先按_____键显示坐标系，以确定画图的位置。

2）画图的第一步是画出一个长_____、宽_____和一个长_____、宽_____的矩形，并把矩形中心放在_____上。

3）该五角星的画法是先画出一段圆弧，再镜像操作，并旋转 4 次，再倒半径为_____的圆角。

4）圆的画法是选择画圆指令，输入圆的_____或_____，输入圆心坐标或单击圆中心点位置，单击"确定"按钮。

引导问题：

在进行零件的加工时，需采用哪些刀具路径进行加工？

四、加工工艺的安排

1）采用 CAM 软件自动编程加工时，加工背面时需先用_____加工方法进行平面加工，再用_____加工方法加工长_____、宽_____的矩形。

2）工件翻面加工后，需用_____加工平面，以保证高度尺寸为_____ mm，再用_____

加工直径为 70mm 的圆，再用_____加工五角星，最后用_____加工直径为 20mm 的内槽。

引导问题：

在进行零件的加工时，需选用哪些刀具进行加工？

五、刀具直径及下刀方式选择

1）如图 3-1 所示，加工全部形状需选用 φ _____ 的平底刀。

2）如图 3-1 所示，在选择好刀具后，加工直径为 20mm、深度为 8mm 的槽，其加工的下刀方式选择_____；分层完成加工，每层背吃刀量_____。

引导问题：

零件加工需要两次以上装夹时，如何进行翻面对刀，以保证零件尺寸的重复定位精度？

六、百分表的使用

1. 百分表的工作原理

百分表的工作原理是，将被测尺寸引起的测量杆微小直线移动，经过齿轮传动放大，转换为指针在刻度盘上的转动，从而读出被测尺寸的大小。

2. 百分表的结构原理

百分表是一种精度较高的比较量具，它只能测出相对数值，不能测出绝对数值，主要用于测量形状和位置误差，也可用于机床上安装工件时的精密找正。百分表的最小分度值为 0.01mm。百分表的实物图如图 3-4 所示。当测量杆向上或向下移动 1mm 时，通过齿轮传动系统带动大指针转一圈，小指针转一格。刻度盘在圆周上有 100 个等分格，各格的读数值为 0.01mm。小指针每格读数值为 1mm。测量时指针读数的变动量即为尺寸变化量。刻度盘可以转动，以便测量时大指针对准 0 线。

图 3-4　百分表的实物图

3. 百分表的读数方法

百分表的读数方法是先读小指针转过的刻度线（即毫米整数），再读大指针转过的刻度线（即小数部分），并乘以 0.01，然后两者相加，即得到所测量的数值。

4. 注意事项

1）使用前，应检查测量杆活动的灵活性。即轻轻推动测量杆时，测量杆在套筒内的移动要灵活，没有任何轧卡现象，每次手松开后，指针都能回到原来的刻度位置。

2）使用时，必须把百分表固定在可靠的夹持架上。切不可贪图省事，随便夹在不稳固的地方，否则容易造成测量结果不准确，或摔坏百分表。

3）测量时，不要使测量杆的行程超过它的测量范围，不要使表头突然撞到工件上，也不要用百分表测量粗糙表面或有显著凹凸不平的工件。

4）测量平面时，百分表的测量杆要与平面垂直；测量圆柱形工件时，测量杆要与工件的中心线垂直，否则，将使测量杆活动不灵敏或测量结果不准确。

5）为方便读数，在测量前一般将大指针指到刻度盘的 0 线。

5. 工件翻面对刀的原理

1）将工件翻面夹紧，并把百分表用刀柄装在机床主轴上。

2）把百分表移到工件左边，轻碰工件左边已加工表面，用手旋转百分表，记住百分表的最大读数，此位置作为"记录1"。

3）把百分表移到工件右边，轻碰工件右边已加工表面，用手旋转百分表，让百分表的最大读数与左边相同，此位置作为"记录2"，接着按"分中"，X 轴就对好了。

4）Y 轴百分表对刀原理类似于 X 轴，把工件后边位置作为"记录1"，工件前边位置作为"记录2"即可。

5）Z 轴对刀不同于 X、Y 轴，用立铣刀替换百分表，Z 方向碰工件上表面，按"当前位置"即可。

第二部分　计划与实施

引导问题：

本学习任务是在数控铣床上完成五角星加工，那么在加工前，要做哪些准备工作？

七、生产前的准备

1. 认真阅读零件图，完成表3-2

表3-2　分析零件图

项　目	分析内容
标题栏信息	零件名称： 零件材料： 毛坯规格：
零件形体	描述零件主要结构：
尺寸公差	图样上标注公差的尺寸有：
几何公差	零件有没有几何公差要求
表面粗糙度	零件加工表面粗糙度：
其他技术要求	描述零件其他技术要求：

2. 准备工、量具等

夹具：

刀具：

量具：

其他工具或辅具：

数控铣削与多轴加工实例教程

3. 填写数控加工工序卡（表3-3）

表3-3　数控加工工序卡

单位名称		零件名称		零件图号		材料		硬度	
工序号	工序名称	加工车间	设备名称 数控铣床	设备型号			夹具		
工步号	工步内容	刀具类型	刀具规格尺寸/mm	程序名	切削速度/(m/min)	主轴转速/(r/min)	进给量/(mm/r)	进给速度/(mm/min)	背吃刀量/mm	进给次数	备注
编制		审核		批准		共　页　第　页			

32

引导问题：

本学习任务是在数控铣床上完成五角星加工，那么在加工前，如何编写加工程序？

八、自动编程

根据填写的数控加工工序卡，使用 CAD/CAM 软件绘制零件二维图形，生成加工刀具路径，并将刀具路径转换为加工程序。

1. 零件的二维造型

1）打开 Mastercam Design X6.0 界面，如图 3-5 所示。

图 3-5　Mastercam Design X6.0 界面

2）选择"矩形形状设置" ，"X"输入"80"，"Y"输入

"80"，即 。定位在中间位置，按<F9>键打开绘图中心，把矩形定位在绘图中心，绘出一个 80mm×80mm 的正方形。

3）重复第 2 步的操作，X 输入"78"和 Y 输入"78"，绘出 78mm×78mm 的正方形，如图 3-6 所示。

4）从快捷菜单中选择 （已知圆心点画圆），圆心捕捉绘图中心，在直径栏 里输入"70"后按回车键，单击"应用"；再次圆心捕捉绘图中心，在直径栏里输入"20"后按回车键，单击"确定"按钮 。

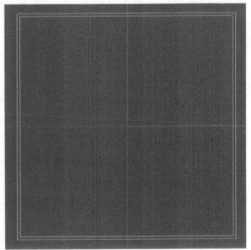

图 3-6　绘制正方形

5）从快捷菜单中选择 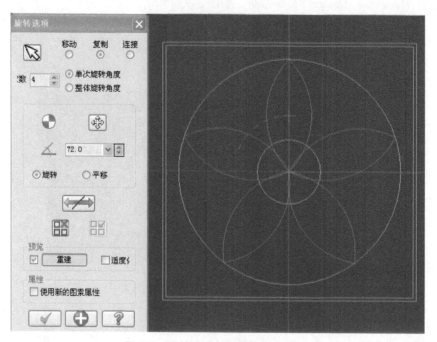（两点画弧），捕捉 φ70mm 圆上方象限点为圆弧第一点，捕捉绘图中心为第二点，在半径栏 25.0 里输入"25"后按回车键，选择"保留所需要的圆弧"，单击"确定"按钮 。

6）从快捷菜单中选择 （镜像），选择半径为 25mm 的圆弧，单击 结束选择，在镜像选项里选择 （选择两点），捕捉半径为 25mm 圆弧的两端点，单击"确定"按钮 。

7）从快捷菜单中选择 （旋转），选择半径为 25mm 的两段圆弧，单击 结束选择，旋转选项的设置及旋转结果如图 3-7 所示。

图 3-7　旋转选项的设置及旋转结果

8）从快捷菜单中选择 （倒圆角），在半径栏 6.0 里输入"6"，按顺序选择 10 条圆弧，然后单击"确定"按钮 。

9）最后绘出的图形如图 3-8 所示。

2. 加工管理

1）在菜单栏中选择"机床类型"→"铣床"→"默认"，即

2）单击"属性"→"素材设置"，选取"立方体"形状，X = 80mm，Y = 80mm，Z = 30mm，如图 3-9 所示，单击"确定"按钮 。

3. 80mm×80mm 底面的加工

1）在快捷菜单上选择 刀具路径(T)，选择 平面铣(A)...，输入新的 NC 名称，单击"确定"按钮 。弹出"串连"选项，选择 80mm×80mm 的正方形，单击"确定"按钮 。

图 3-8 最后绘出的图形

图 3-9 素材设置

2）在弹出的"平面铣削"对话框中选择刀具，在空白处右击选择 创建新刀具(N)... ，在类型中选择"平底刀"，在刀具直径里输入"12"，单击"确定"按钮 ☑ 。刀具的参数设置如图 3-10 所示。

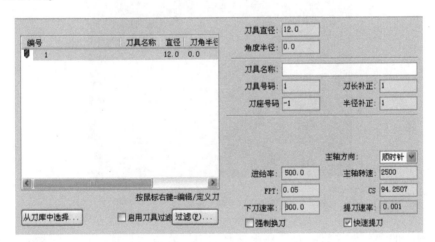

图 3-10 刀具的参数设置

3）在"平面铣削"对话框中选择 切削参数 ，类型改为"双向"，即 类型 双向 。

4）在"平面铣削"对话框中选择 共同参数 ，深度输入"-1"，即 深度 -1 ，单击"确定"按钮 ☑ ，生成刀具路径如图 3-11 所示。

5）单击"验证已选择的操作" ◈ ，在"验证"对话框中单击 ▶ 按钮，进行平面仿真加工，其结果如图 3-12 所示，单击"确定"按钮完成。

4. 78mm×78mm 底面外形的加工

1）在快捷菜单上选择 刀具路径(T) ，选择 外形铣削(C) ，弹出"串连"选项，在右上角选择 78mm×78mm 的正方形，单击"确定"按钮 ☑ 。

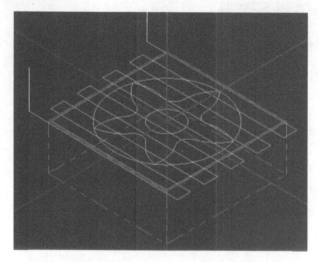

图 3-11　生成刀具路径

图 3-12　80mm×80mm 底面仿真加工结果

2）在弹出的"外形铣削"对话框中选择刀具，在空白处选择直径为 12mm 的平底刀，单击"确定"按钮 ✓ 。刀具的参数设置如图 3-10 所示。

3）在"外形铣削"对话框中选择 切削参数 ，补正方向为左，即 补正方向 ［左 ▼］，选择 ✓ Z轴分层铣削 和 ☑ 深度切削 ，最大粗切步进量设为"5"，即 最大粗切步进量：［5］ 。

4）在"外形铣削"对话框中选择 进/退刀参数 ，取消勾选"在中点位置执行进/退刀"，即 ☐ 在封闭轮廓的中点位置执行进/退刀 。

5）在"外形铣削"对话框中选择 共同参数 ，深度输入"－15"，即 ［ 深度 ］［-15.0］，单击"确定"按钮 ✓ ，生成刀具路径如图 3-13 所示。

6）单击"验证已选择的操作" ◻ ，在"验证"对话框中单击 ▶ 按钮，进行平面仿真加工，其结果如图 3-14 所示，单击"确定"按钮完成。

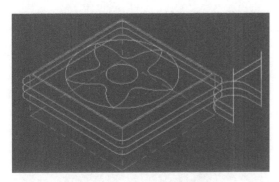

图 3-13　生成刀具路径

图 3-14　78mm×78mm 底面仿真加工结果

5. 工件翻面装夹及用百分表对刀

具体操作方法参考"第一部分　学习准备"中的相关内容。

6. 工件正面切削平面及控制高度尺寸

工件正面切削深度为 0.5mm，切削完后用测量范围为 25～50mm 外径千分尺进行测量，如果测量后尺寸为 28.4mm，则还需要切削 0.4mm，在"平面铣削"对话框中选择 共同参数 ，深度输入"−0.9"，即 深度 -0.9 ，单击"确定"按钮 ✔ 。然后再重新生成平面加工程序，传输后加工即可。

加工完成后在机床上设置：设置坐标→光标移到 Z 轴→负向偏置，输入"0.9"→确定。如此设置的目的是把 Z 坐标轴向下偏移 0.9mm，因为已经切削平面 0.9mm。

7. 正面切出直径为 70mm 圆的外形加工

1）在快捷菜单上选择 刀具路径(T) ，选择 外形铣削(C) ，弹出"串连"选项，选择直径为 70mm 的圆，单击"确定"按钮 ✔ 。

2）在弹出的"外形铣削"对话框中选择刀具，在空白处选择直径为 12mm 的平底刀，单击"确定"按钮 ✔ 。刀具的参数设置如图 3-10 所示。

3）在"外形铣削"对话框中选择 切削参数 ，补正方向为右，即 补正方向 右 ▼ ，选择 ✔ Z轴分层铣削 和 ☑ 深度切削 ，最大粗切步进量设为"1"，即 最大粗切步进量: 1 。

4）在"外形铣削"对话框中选择 进/退刀参数 ，取消勾选"在中点位置执行进/退刀"，即 □ 在封闭轮廓的中点位置执行进/退刀 。

5）在"外形铣削"对话框中选择 XY轴分层铣削 ，次数设为"2"即 次数 2 ，间距设为"10"，即 间距 10.0 。

6）在"外形铣削"对话框中选择 共同参数 ，深度输入"−16"，即 深度 -16.0 ，单击"确定"按钮 ✔ ，生成刀具路径如图 3-15 所示。

7）单击"验证已选择的操作" 🔶 ，在"验证"对话框中单击 ▶ 按钮，进行平面仿真加工，其结果如图 3-16 所示，单击"确定"按钮完成。

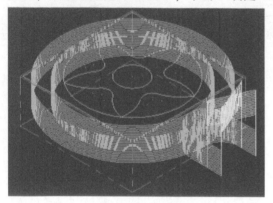

图 3-15　生成刀具路径

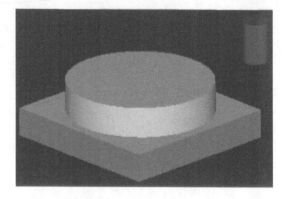

图 3-16　正面切出直径为 70mm 圆的仿真加工结果

8. 正面切出五角星的外形加工

1）在快捷菜单上选择 刀具路径(T) ，选择 外形铣削(C) ，弹出"串连"选项，选择五角星，单击"确定"按钮 ✓ 。

2）在弹出的"外形铣削"对话框中选择刀具，在空白处选择直径为 12mm 的平底刀，单击"确定"按钮 ✓ 。刀具的参数设置如图 3-10 所示。

3）在"外形铣削"对话框中选择 切削参数 ，补正方向为右，即 补正方向 右 ∨ ，选择 ✓ Z轴分层铣削 和 ☑ 深度切削 ，最大粗切步进量设为"1"，即 最大粗切步进量: 1 。

4）在"外形铣削"对话框中选择 进/退刀参数 ，取消勾选"在中点位置执行进/退刀"，即 ☐ 在封闭轮廓的中点位置执行进/退刀 。

5）在"外形铣削"对话框中选择 XY轴分层铣削 ，次数设为"2"，即 次数 2 ，间距设为"10"，即 间距 10.0 。

6）在"外形铣削"对话框中选择 共同参数 ，深度输入"－8"，即 深度 -8.0 ，单击"确定"按钮 ✓ ，生成刀具路径如图 3-17 所示。

7）选取"验证已选择的操作" ⬡ ，在"验证"对话框中单击 ▶ 按钮，进行平面仿真加工，其结果如图 3-18 所示，单击"确定"按钮完成。

9. 正面直径为 20mm 孔的挖槽加工

1）在快捷菜单上选择 刀具路径(T) ，选择 2D挖槽(P)... ，弹出"串连"选项，选择直径为 20mm 的圆，单击"确定"按钮 ✓ 。

2）在弹出的"2D挖槽"对话框中选择刀具，在空白处选择直径为 12mm 的平底刀，单击"确定"按钮 ✓ 。刀具的参数设置如图 3-10 所示。

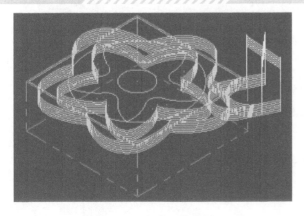

图 3-17　生成刀具路径

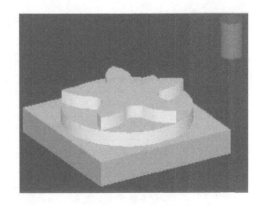

图 3-18　正面切出五角星的仿真加工结果

3）在 "2D 挖槽" 对话框中选择 粗加工 → 螺旋切削 → 进刀方式 → ⊙螺旋式 ，最小半径设置为 "1"，即 最小半径 8.333333 % 1.0 。

4）取消勾选 "精加工"，即 □ 精加工 。

5）选择 ✓ Z轴分层铣削 和 ☑ 深度切削 ，最大粗切步进量设为 "1"，即 最大粗切步进量: 1 。

6）在 "2D 挖槽" 对话框中选择 共同参数 ，深度输入 "－8"，即 深度 -8.0 ，单击 "确定" 按钮 ✓ ，生成刀具路径如图 3-19 所示。

7）选取 "验证已选择的操作" ▣，在 "验证" 对话框中单击 ▶ 按钮，进行平面仿真加工，其结果如图 3-20 所示，单击 "确定" 按钮完成。

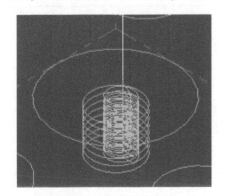

图 3-19　生成刀具路径

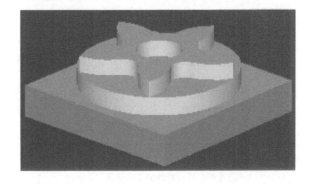

图 3-20　正面直径为 20mm 孔的挖槽加工仿真加工结果

引导问题：

按照怎样的步骤才能加工出合格的零件？

九、在数控铣床上完成零件加工

按下列操作步骤，分步完成零件加工，并记录操作过程（表 3-4）。

表 3-4　操作过程

序号	操作内容	结果记录
1	装夹工件、刀具,并对刀,建立工件坐标系	
2	进行底面 80mm×80mm 的平面铣削,切削深度为 1mm	
3	进行 78mm×78mm 的外形粗加工,切削深度为 15mm,分层铣削,单边余量为 0.3mm	
4	测量尺寸 78mm,记录测量值	
5	根据测量值修改余量,78mm×78mm 的外形精加工,切削深度为 15mm	
6	翻面装夹,采用百分表对刀,建立工件坐标系	
7	铣削平面,切削深度为 0.5mm	
8	测量工件厚度尺寸 28mm,记录测量值	
9	根据测量值,修改工件坐标系 Z 值,铣削平面	
10	进行直径为 70mm 圆的外形粗加工,切削深度为 16mm,分层铣削,单边余量为 0.3mm	
11	测量尺寸直径 70mm 及深度 16mm,记录测量值	
12	根据测量值修改余量,进行直径为 70mm 圆的外形精加工,切削深度为 16mm	
13	五角星外形精加工,切削深度为 8mm,分层铣削	
14	进行直径为 20mm 孔的挖槽粗加工,切削深度为 8mm,分层铣削,余量为 0.3mm	
15	测量尺寸直径 20mm 及深度 8mm,记录测量值	
16	根据测量值修改余量,进行直径为 20mm 孔的挖槽精加工,切削深度为 8mm	
17	拆下并清洁工件,去毛刺	
18	测量零件全部尺寸并记录	

第三部分　评价与反馈

十、自我评价（表 3-5）

表 3-5　自我评价

序号	评价项目	是	否
1	是否能分析出零件的正确形体		
2	前置作业是否全部完成		
3	是否完成小组分配的任务		
4	是否认为自己在小组中不可或缺		
5	是否严格遵守课堂纪律		
6	在本次学习任务执行过程中,是否主动帮助同学		
7	对自己的表现是否满意		

十一、小组评价（表3-6）

表3-6　小组评价

序号	评价项目	评价
1	团队合作意识,注重沟通	
2	能自主学习及相互协作,尊重他人	
3	学习态度积极主动,能参加安排的活动	
4	能正确地领会他人提出的学习问题	
5	遵守学习场所的规章制度	
6	具有工作岗位的责任心	
7	主动学习	
8	能正确对待肯定和否定的意见	
9	团队学习中的主动与合作意识	
评价人：		年　　月　　日

十二、教师评价（表3-7）

表3-7　教师评价

序号	评价项目	教师评价			
		优	良	中	差
1	按时上课,遵守课堂纪律				
2	着装符合要求,遵守实训室安全操作规程				
3	学习的主动性和独立性				
4	工、量、辅具及刀具使用规范,机床操作规范				
5	主动参与工作现场的6S工作				
6	工作页填写完整				
7	与小组成员积极沟通并协助其他成员共同完成学习任务				
8	会快速查阅各种手册等资料				
9	教师综合评价				

第四部分　拓　　展

要完成100件五角星的加工，相对于前面制订的单件生产工艺，在选择工、量、辅具及刀具，制订工艺流程，编制加工程序等方面要进行哪些修改？

模块二 数控铣工中级技能考证训练

任务四

多重方轮廓加工

学习目标

通过对多重方轮廓加工这一学习任务的学习，学生能：

1. 按照安全文明生产的要求规范工作。

2. 按照机床的安全操作规程进行操作。

3. 以小组合作的形式，分析零件的加工工艺，并制订加工路线。

4. 正确填写数控加工工序卡。

5. 用 Mastercam 软件对零件进行三维建模，编写刀具路径，进行仿真加工及生成加工程序。

6. 使用机用虎钳装夹工件并定位。

7. 根据数控加工工序卡正确选用铣刀，根据刀具材料、类型、毛坯材料等正确选用切削参数。

8. 在换刀后正确对刀。

9. 正确对零件进行检测。

10. 完成多元评价及工作总结。

建议学时

12 学时。

学习任务描述

　　某机械加工厂委托我单位加工一批多重方轮廓零件（图4-1），数量为100件。产品零件图样由该工厂提供，要求使用规定的材料，加工质量应符合要求，交货期为7天。

　　零件编程人员接到任务后，与客户沟通，全面了解零件的加工要求并提出自己的建议，得到客户的同意；按照图样的要求制订合理的加工方案，对零件进行建模、仿真，生成加工程序，填写数控加工工序卡；安排生产人员对零件进行加工。

　　生产人员接到生产任务后，分析零件图样，看懂工序卡并根据车间现有的设备拟定零件加工工作计划。零件加工完成后要进行检测，并填写相关表格，提交检验报告。

第一部分　学习准备

一、零件图样

多重方轮廓零件图如图4-1所示，其评分标准见表4-1。

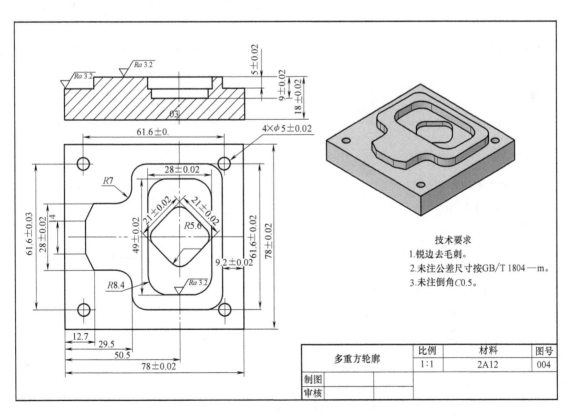

图 4-1　多重方轮廓零件图

表 4-1　评分标准　　　　　　　　　　　　（单位：mm）

定额时间	180min		考核日期		总得分	
序号	考核项目	配分	评分标准	检测结果	扣分	得分	备注
1	78±0.02(2处)	8分	每处超差0.02扣1分				
2	61.6±0.02	6分	超差0.02扣1分				
3	49±0.02	6分	超差0.02扣1分				
4	9±0.02	4分	超差0.02扣1分				
5	28±0.02	5分	超差0.02扣1分				
6	18±0.02	4分	超差0.02扣1分				
7	9.2±0.02	6分	超差0.02扣1分				
8	5±0.02	6分	超差0.02处扣1分				
9	61.6±0.03(2处)	8分	每处超差0.02扣1分				
10	21±0.02	5分	超差0.02扣1分				
11	4×ϕ5±0.02	8分	超差一处扣2分				
12	R8.4(4处)	8分	超差一处扣2分				
13	R7(6处)	6分	超差一处扣1分				
14	4×R5.6	4分	超差一处扣1分				
15	Ra3.2μm	6分	超差一处扣2分				
16	安全文明生产、清洁卫生	10分	不符合操作规范酌情扣分				
	合计	100分					

二、多重方轮廓图样分析

1. 零件图完整性分析

（1）图 4-1 所示图形构成要素包括：平面、孔、_____、_____、_____、
_____、_____。

（2）线型包括：粗实线、细实线、_____、_____、_____、
_____、_____。

（3）定形尺寸、定位尺寸分别为：

1）定形尺寸包括：_____。

2）定位尺寸包括：_____。

> 小提示：
> 1. 定形尺寸：确定各基本体形状和大小的尺寸。
> 2. 定位尺寸：确定各基本体之间相对位置的尺寸。

2. 零件结构工艺性分析

（1）零件分几次装夹才能加工完成所有面？

理由：_____

_____

_____。

（2）零件分几道工序才能完全加工出来？

理由：_____

_____

_____。

（3）零件能否避免斜面钻孔与内腔加工？

理由：_____

_____

_____。

（4）零件加工面尺寸是否便于测量？

理由：_____

_____

_____。

（5）零件结构是否便于拆装与维修？

理由：_____

_____

_____。

（6）零件各加工部分是否全部能使用标准刀具加工？

理由：_____

_____

_____。

> **小提示：**
>
> 1. 零件结构工艺性：指在满足使用性能的前提下，是否能以较高的生产率和最低的成本方便地加工出来的特征。
>
> 2. 结构工艺分析主要考虑以下几个方面：
>
> 1）有利于达到所要求的加工质量。
>
> 2）有利于减少加工劳动量。
>
> 3）有利于提高劳动生产率。
>
> 4）有利于装配与维修。

3. 零件技术要求工艺分析

（1）零件加工后尺寸精度分析

1）零件尺寸偏差可分为_____和_____两种，而又有_____偏差和_____偏差之分。

2）尺寸公差等于_____偏差与_____偏差之差。

3）（49±0.02）mm 表示公称尺寸为_____，上极限偏差为_____，下极限偏差为_____，上极限尺寸为_____，下极限尺寸为_____，公差为_____。

（2）零件加工表面的表面粗糙度分析

1）Ra 表示_____。

2）零件上表面粗糙度 Ra 值为_____。

3）零件上要求表面粗糙度为 $Ra3.2\mu m$ 的共有_____处。

三、零件的二维造型

（1）在进行零件二维造型之前，先按_____键显示坐标系，以确定画图的位置。

（2）用_____命令绘制边长为 78mm 的正方形。

（3）找出 49mm×28mm 矩形的对称中心点，用_____命令绘制 49mm×28mm 的矩形和边长为 21mm 的正方形，并用_____命令将正方形旋转 45°，再用_____命令分别进行 $R8.4mm$ 和 $R5.6mm$ 的倒圆角。

（4）找出 4 个圆的圆心，用_____命令绘制 4 个 $\phi5mm$ 的圆。

（5）用_____命令画出凸台的直线轮廓，并用_____命令进行 $R7mm$ 的倒圆角。

四、加工工艺的安排

（1）用 Mastercam 软件自动编程加工时，需先用_____加工方法进行平面加工，再用_____加工方法加工凸台，用_____加工方法分别加工深度为 5mm 和 9mm 的内槽，用_____加工方法钻 $\phi5mm$ 的孔。

（2）工件翻面加工后，需用_____加工平面，以保证高度为_____ mm 的尺寸。

五、刀具直径及下刀方式的选择

（1）加工深度为 5mm 和 9mm 的槽时，选用 ϕ_____的_____刀。

（2）在选择好刀具以后，挖槽加工的下刀方式选择_____或_____；分_____层完成加工，每层切削深度_____。

六、深孔加工

（1）当孔的深度与孔的直径之比大于_____时，必须使用深孔啄钻完成孔的加工。

（2）说明华中系统深孔啄钻指令中各参数的含义。

G90/G91 G98/G99 G73(G83) X_ Y_ Z_ R_ Q_ P_ K_ F_ L_；

G98：_____；

G99：_____；

X、Y：孔在 X、Y 轴上的坐标；

Z：孔底坐标；

R：_____；

Q: ＿＿＿＿＿＿＿＿＿＿＿；

P: ＿＿＿＿＿＿＿＿＿＿＿；

K: ＿＿＿＿＿＿＿＿＿＿＿；

F: 钻孔进给速度；

L: ＿＿＿＿＿＿＿＿＿＿＿。

固定循环由 G80 指令撤消。

（3）钻一通孔，孔深为 10mm，直径为 8mm，若以麻花钻的横刃为对刀基准，则钻孔深度应达到＿＿＿＿＿＿＿＿mm 才能保证孔被完全钻穿？

第二部分　计划与实施

七、生产前的准备

1. 认真阅读零件图，完成表 4-2

表 4-2　分析零件图

项　　目	分 析 内 容
标题栏信息	零件名称： 零件材料： 毛坯规格：
零件形体	描述零件主要结构：
尺寸公差	图样上标注公差的尺寸有：
几何公差	零件有没有几何公差要求：
表面粗糙度	零件加工表面粗糙度：
其他技术要求	描述零件其他技术要求：

2. 准备工、量具等

夹具：

刀具：

量具：

其他工具或辅具：

3. 填写数控加工工序卡（表 4-3）

八、自动编程

根据填写的数控加工工序卡，使用 CAD/CAM 软件绘制零件二维图形，生成加工刀具路径，并将刀具路径转换为加工程序。

1. 零件的顶面线框

1）打开 Mastercam X6 软件，新建一个文件名为多重方轮廓的文件并保存。

表 4-3 数控加工工序卡

单位名称		数控加工工序卡			零件名称	零件图号	材料	硬度
工序号	工序名称	加工车间	设备名称 数控铣床	设备型号		夹具		
工步号	工步内容	程序名	刀具类型	刀具规格尺寸/mm	切削速度/(m/min)	主轴转速/(r/min)	进给量/(mm/r)	进给速度/(mm/min)	背吃刀量/mm	进给次数	备注

编制　　　　审核　　　　批准　　　　共　页　第　页

2）按<F9>键显示坐标系，单击 ▦ 命令，"X"输入"78"，"Y"输入"78"，即

▦ 78.0 ▾ ↕ ▦ 78.0 ▾ ↕   ▦ ⊞ ，选择原点为中心点，单击"确定"按钮 ✓ ，

绘出一个边长为 78mm 的正方形，如图 4-2 所示。

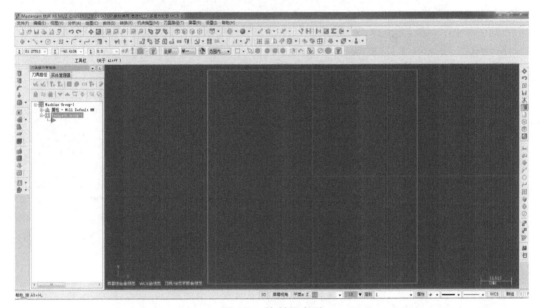

图 4-2　绘制正方形

3）找出 49mm×28mm 矩形的对称中心点，重复第 2 步的操作，绘制 49mm×28mm 的矩形和边长为 21mm 的正方形；单击 ▦ 命令将正方形旋转 45°，如图 4-3 所示；再单击 ⌐ 命令分别进行 R8.4mm 和 R5.6mm 的倒圆角，如图 4-4 所示。

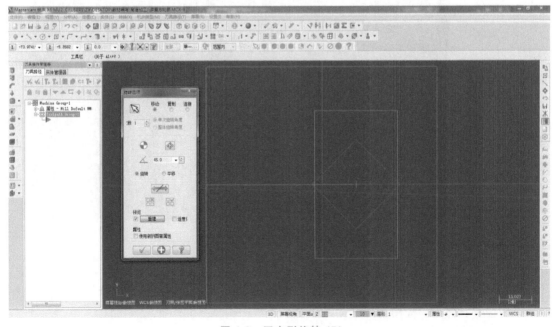

图 4-3　正方形旋转 45°

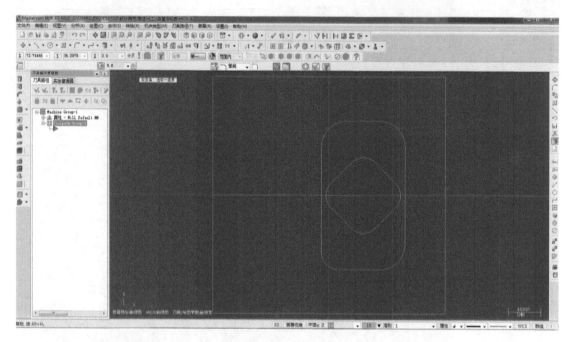

图 4-4　倒圆角

4）找出 4 个圆的圆心，单击 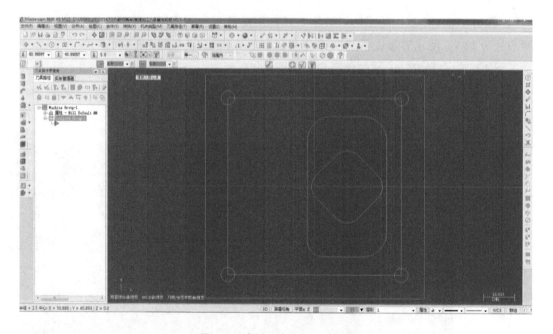 命令绘制 4 个 ϕ5mm 的圆，如图 4-5 所示。

图 4-5　绘制 4 个 ϕ5mm 的圆

5）单击 ✎ 命令绘出凸台的直线轮廓，单击 ⌐ 命令进行 R7mm 的倒圆角，单击 ✂ 命令对多余线段进行修剪，如图 4-6 所示。

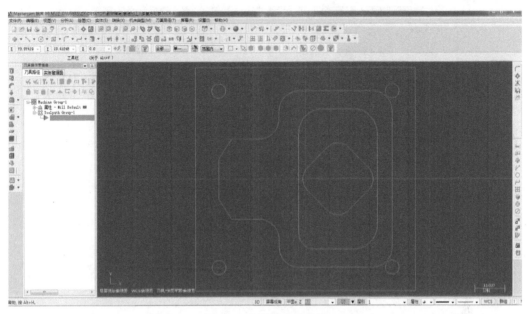

图 4-6 绘制凸台的轮廓

2. 创建刀具路径及进行仿真模拟

（1）顶平面粗精加工刀具路径的创建

1）选择机床类型：单击菜单栏"机床类型"
→"铣床"→"默认"，如图 4-7 所示。

2）单击菜单栏"刀具路径"→"平面铣"，
选取 78mm×78mm 的正方形，单击"确定"按钮

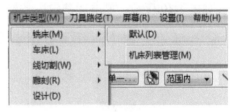

图 4-7 选择机床类型

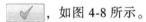，如图 4-8 所示。

3）在弹出的"平面铣削"对话框中，选择"平面铣削"方式，如图 4-9 所示。

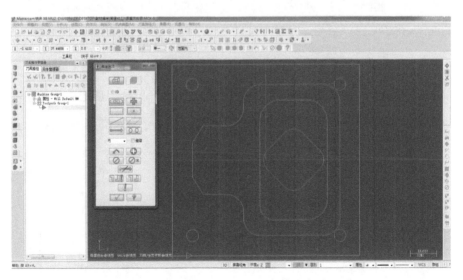

图 4-8 选取 78mm×78mm 的正方形

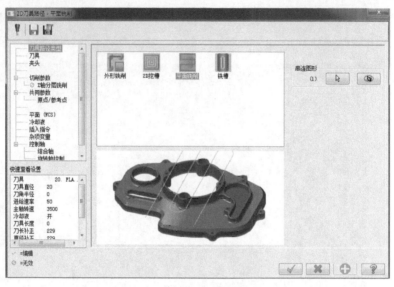

图 4-9　选择平面铣削方式

4）设置刀具参数。单击 过滤(F)... 进行刀具过滤列表设置，选择直径等于 14mm 的平底刀，如图 4-10 所示，单击"确定"按钮 ✓ 。

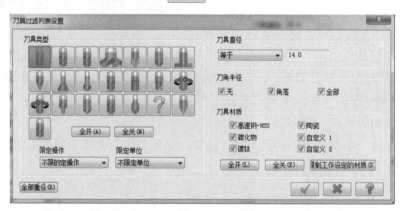

图 4-10　刀具过滤列表设置

5）单击 从刀库中选择... 选择过滤的刀具，如图 4-11 所示，单击"确定"按钮 ✓ 。

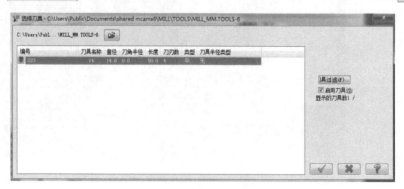

图 4-11　选择过滤的刀具

6）刀具参数设置如图 4-12 所示，进给率为 800mm/min，主轴转速为 1200r/min，下刀速率为 1500mm/min。

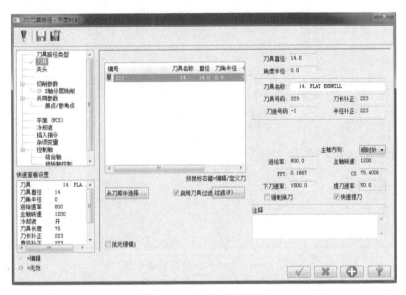

图 4-12　刀具参数设置

7）夹头参数选择默认参数。切削参数设置如图 4-13 所示，选择双向类型切削，粗切角度为 90°，底面预留量为 0mm。

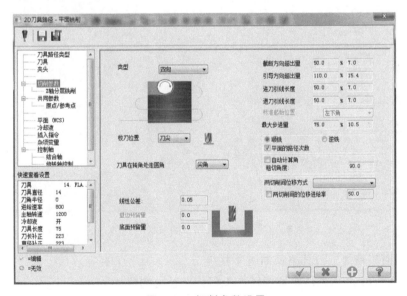

图 4-13　切削参数设置

8）Z 轴分层铣削参数设置如图 4-14 所示，最大粗切步进量设为 2mm，精修次数设为1，精修量设为 0.3mm，勾选"不提刀"。

9）共同参数设置如图 4-15 所示，工件表面设为 1mm，深度设为 0mm，单击"确定"按钮 ✓ 。

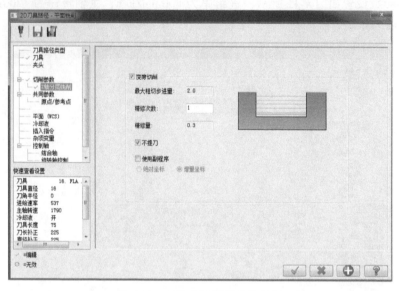

图 4-14　Z 轴分层铣削参数设置

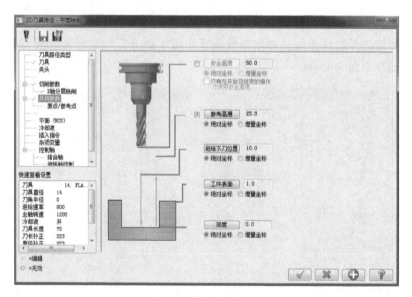

图 4-15　共同参数设置

10）顶平面粗精加工刀具路径如图 4-16 所示。

（2）78mm×78mm 正方形轮廓粗精加工刀具路径的创建

1）单击菜单栏"刀具路径"→"外形铣削"，选取 78mm×78mm 的正方形轮廓线，单击"确定"按钮 ，弹出"外形铣削"对话框，选择"外形铣削"方式，如图 4-17 所示。

2）选择直径为 14mm 的平底刀，刀具参数设置如图 4-18 所示，进给率设为 800mm/min，主轴转速设为 1200r/min，下刀速率设为 1500mm/min。

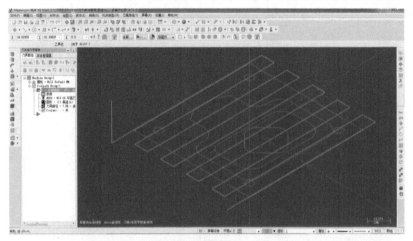

图 4-16　顶平面粗精加工刀具路径

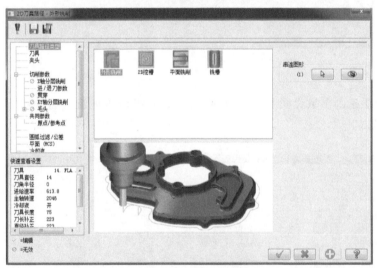

图 4-17　选择外形铣削方式

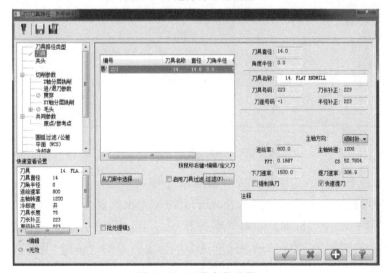

图 4-18　刀具参数设置

3）切削参数设置如图 4-19 所示，壁边预留量设为 0mm，底面预留量设为 0mm。

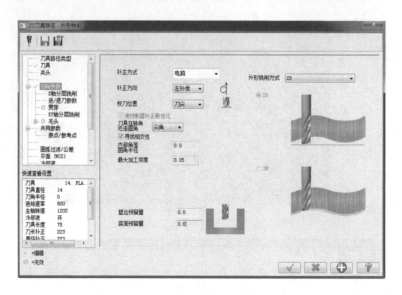

图 4-19　切削参数设置

4）Z 轴分层铣削参数设置如图 4-20 所示，最大粗切步进量设为 4mm，精修次数设为 0，勾选"不提刀"。

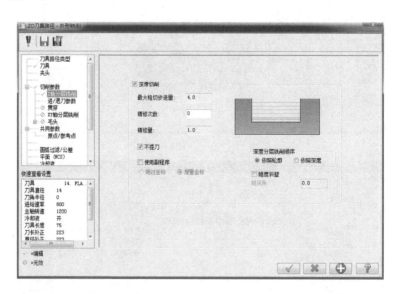

图 4-20　Z 轴分层铣削参数设置

5）进/退刀设置选择"相切"方式，如图 4-21 所示。

6）XY 轴分层铣削参数设置如图 4-22 所示，粗加工次数设为 1，间距设为 10mm；精加工次数设为 1，间距设为 0.5mm，勾选"不提刀"。

7）共同参数设置如图 4-23 所示，深度设为 −12mm，单击"确定"按钮 ✓ 。

8）78mm×78mm 正方形轮廓粗精加工刀具路径如图 4-24 所示。

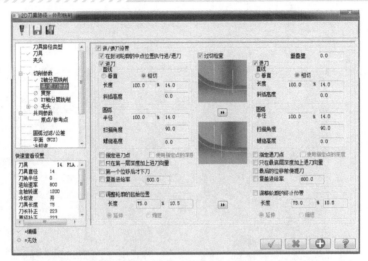

图 4-21 进/退刀参数设置

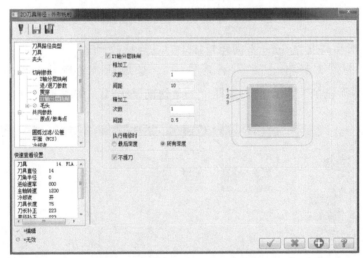

图 4-22 XY 轴分层铣削参数设置

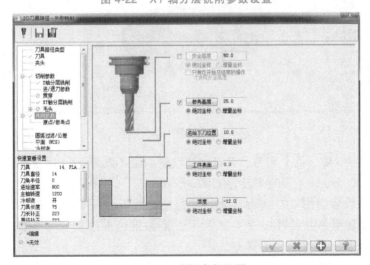

图 4-23 共同参数设置

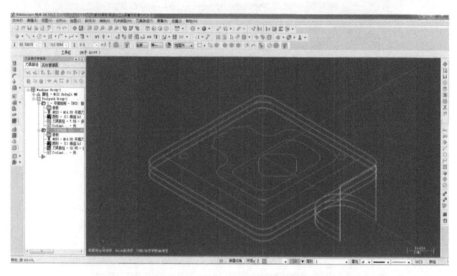

图 4-24　78mm×78mm 正方形轮廓粗精加工刀具路径

（3）凸台轮廓和高度为 5mm 平面粗精加工刀具路径的创建

1）单击菜单栏"刀具路径"→"外形铣削"，选取凸台轮廓线，单击"确定"按钮
，弹出"外形铣削"对话框，选择"外形铣削"方式，如图 4-25 所示。

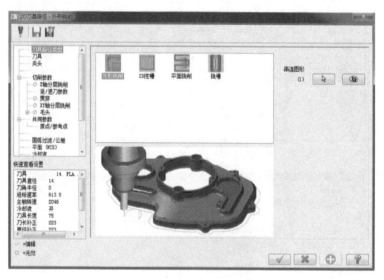

图 4-25　选择外形铣削方式

2）选择直径为 14mm 的平底刀，刀具参数设置如图 4-26 所示，进给率设为 800mm/min，主轴转速设为 1200r/min，下刀速率设为 1500mm/min。

3）切削参数设置如图 4-27 所示，壁边预留量设为 0mm，底面预留量设为 0mm。

4）Z 轴分层铣削参数设置如图 4-28 所示，最大粗切步进量设为 3mm，精修次数设为 1，精修量设为 0.3mm，勾选"不提刀"。

5）进/退刀设置选择"相切"方式，如图 4-29 所示。

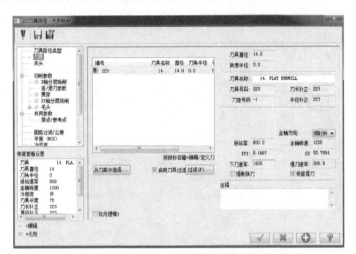

图 4-26　刀具参数设置

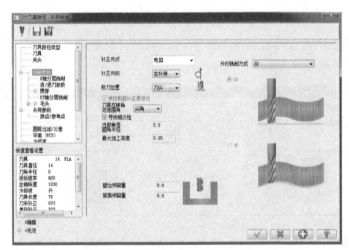

图 4-27　切削参数设置

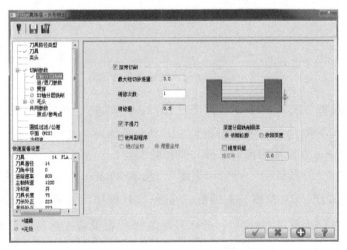

图 4-28　Z 轴分层铣削参数设置

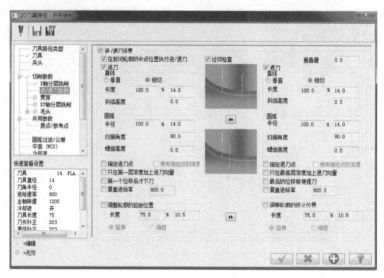

图 4-29 进/退刀参数设置

6）XY 轴分层铣削参数设置如图 4-30 所示，粗加工次数设为 3，间距设为 10mm；精加工次数设为 1，间距设为 0.5mm。

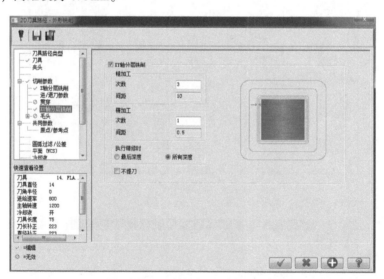

图 4-30 XY 轴分层铣削参数设置

7）共同参数设置如图 4-31 所示，深度设为 −5mm，单击"确定"按钮 ✔。

8）凸台轮廓和高度为 5mm 平面粗精加工刀具路径如图 4-32 所示。

（4）49mm×28mm 方圆槽粗精加工刀具路径的创建

1）单击菜单栏"刀具路径"→"2D 挖槽"，选取 49mm×28mm 方圆轮廓线，单击"确定"按钮 ✔，弹出"2D 挖槽"对话框，选择"2D 挖槽"方式，如图 4-33 所示。

2）设置刀具参数。单击 过滤(F)... 进行刀具过滤列表设置，选择直径等于 8mm 的平底刀，如图 4-34 所示，单击"确定"按钮 ✔。

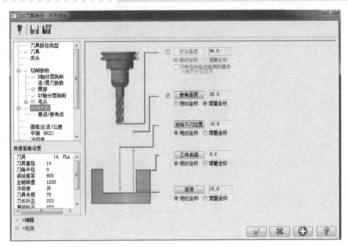

图 4-31 共同参数设置

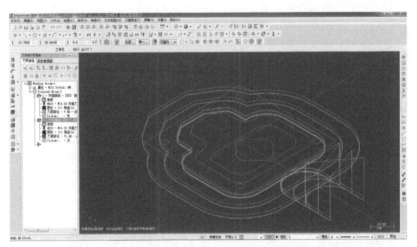

图 4-32 凸台轮廓和高度为 5mm 平面粗精加工刀具路径

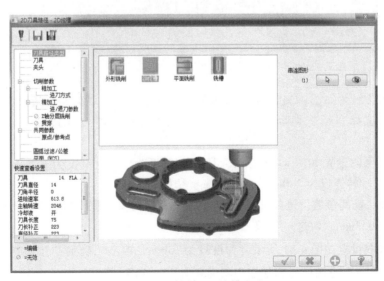

图 4-33 选择 2D 挖槽方式

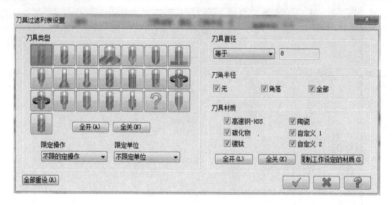

图 4-34　刀具过滤列表设置

3）单击 从刀库中选择... 选择过滤的刀具，选择直径为 8mm 的平底刀，单击"确定"按钮 。刀具参数设置如图 4-35 所示，进给率设为 800mm/min，主轴转速设为 2500r/min，下刀速率设为 1500mm/min。

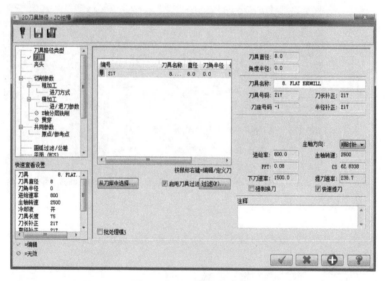

图 4-35　刀具参数设置

4）切削参数设置如图 4-36 所示，壁边预留量设为 0mm，底面预留量设为 0mm。

5）粗加工选择"螺旋切削"方式，如图 4-37 所示；进刀方式选择"螺旋式"，如图 4-38 所示。

6）精加工参数设置如图 4-39 所示，精修次数设为 1，间距设为 0.5mm，进给率设为 600mm/min，主轴转速设为 2800r/min，勾选"精修外边界"。

7）Z 轴分层铣削参数设置如图 4-40 所示，最大粗切步进量设为 2.5mm，精修次数设为 1，精修量设为 0.3mm，勾选"不提刀"。

8）共同参数设置如图 4-41 所示，深度设为 -5mm，单击"确定"按钮 。

9）49mm×28mm 方圆槽粗精加工刀具路径如图 4-42 所示。

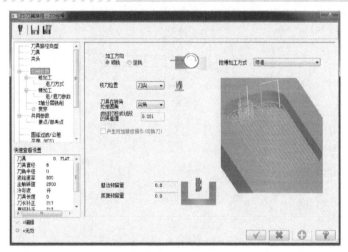

图 4-36 切削参数设置

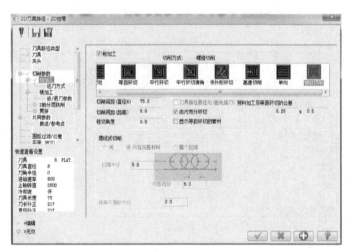

图 4-37 粗加工设置

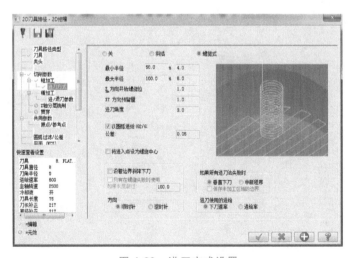

图 4-38 进刀方式设置

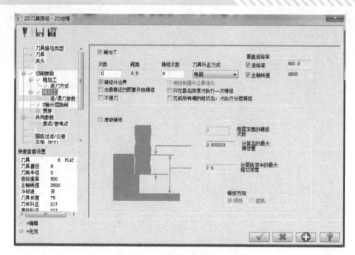

图 4-39　精加工参数设置

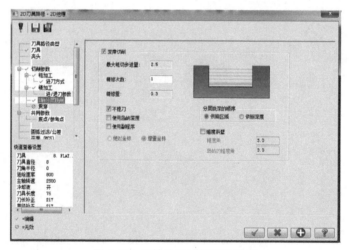

图 4-40　Z轴分层铣削参数设置

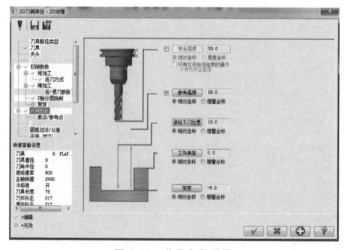

图 4-41　共同参数设置

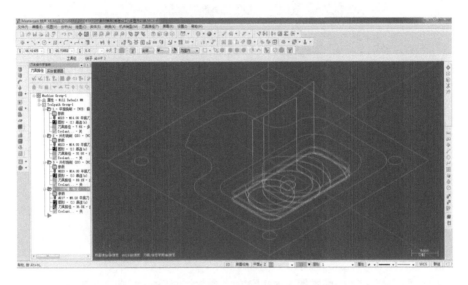

图 4-42 49mm×28mm 方圆槽粗精加工刀具路径

（5）21mm×21mm 方圆槽粗精加工刀具路径的创建（参照 49mm×28mm 方圆槽粗精加工步骤）

1）单击菜单栏"刀具路径"→"2D 挖槽"，选取 21mm×21mm 方圆轮廓线，单击"确定"按钮 ✓ ，弹出"2D 挖槽"对话框，选择"2D 挖槽"方式。

2）设置刀具参数，选择直径为 8mm 的平底刀，单击"确定"按钮 ✓ 。

3）设置刀具参数，进给率为 800mm/min，主轴转速为 2500r/min，下刀速率为 1500mm/min。

4）设置切削参数，壁边预留量设为 0mm，底面预留量设为 0mm。

5）粗加工选择"螺旋切削"方式，进刀方式选择"螺旋式"。

6）设置精加工参数，精修次数设为 1，间距设为 0.5mm，进给率设为 600mm/min，主轴转速设为 2800r/min，勾选"精修外边界"。

7）设置 Z 轴分层铣削参数，最大粗切步进量设为 2.5mm，精修次数设为 1，精修量设为 0.3mm，不提刀。

8）共同参数设置如图 4-43 所示，工件表面设为-5mm，深度设为-9mm，单击"确定"按钮 ✓ 。

9）21mm×21mm 方圆槽粗精加工刀具路径如图 4-44 所示。

（6）孔加工刀具路径的创建

1）单击菜单栏"刀具路径"→"钻孔"，在弹出的对话框中单击 选择图素(S) ，选取 4 个直径为 5mm 的圆，单击"确定"按钮 ✓ 。

2）弹出"钻孔"对话框，选择"钻头"加工方式，如图 4-45 所示。

3）设置刀具参数。单击 过滤(F)... 进行刀具过滤列表设置，选择直径等于 5mm 的钻头，如图 4-46 所示，单击"确定"按钮 ✓ 。

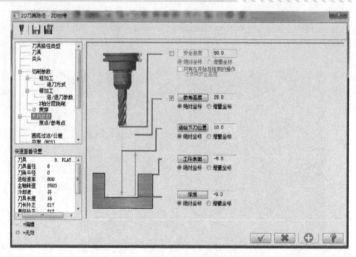

图 4-43　共同参数设置

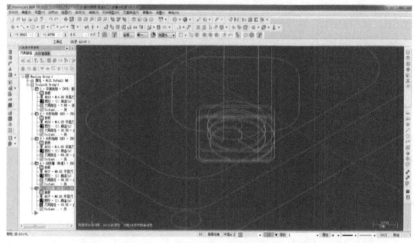

图 4-44　21mm×21mm 方圆槽粗精加工刀具路径

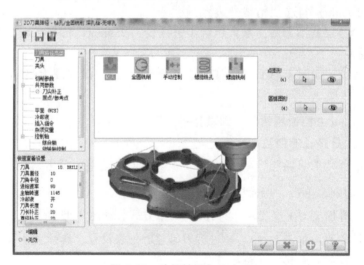

图 4-45　选择钻头加工方式

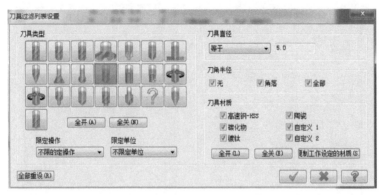

图 4-46 刀具过滤列表设置

4）单击 从刀库中选择... 选择刀具，选择直径为 5mm 的钻头，单击"确定"按钮 ✓ 。刀具参数设置如图 4-47 所示，进给率设为 300mm/min，主轴转速设为 1200r/min。

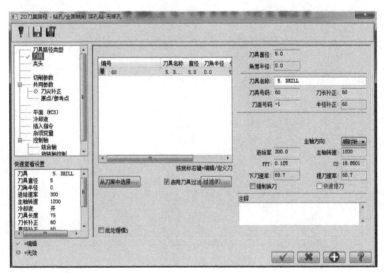

图 4-47 刀具参数设置

5）切削参数设置如图 4-48 所示，选择"深孔啄钻（G83）"循环方式，Peck 表示每次进给切削深度，设为 3mm。

6）共同参数设置如图 4-49 所示，参考高度设为 3mm，工件表面设为 -5mm，深度设为 -25mm。

7）孔加工刀具路径如图 4-50 所示。

（7）底面加工

1）将工件翻过来反面打表装夹。

2）重新对刀。

3）底平面粗精加工（参照顶平面粗精加工步骤），加工深度设为实测工件厚度减去 18mm。

4）底面 78mm×78mm 正方形轮廓粗精加工（参照顶平面 78mm×78mm 正方形轮廓粗精加工步骤）。

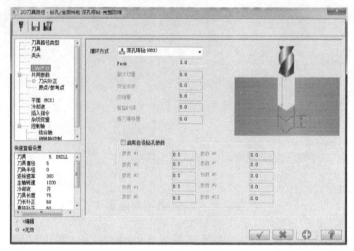

图 4-48　切削参数设置

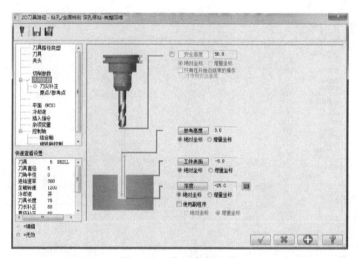

图 4-49　共同参数设置

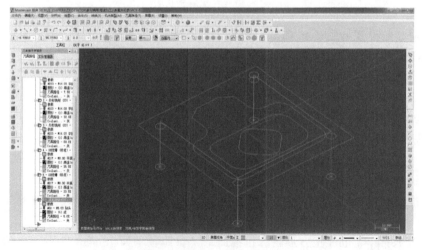

图 4-50　孔加工刀具路径

（8）素材设置与实体模拟

1）在刀具操作管理器中，单击"属性"→"素材设置"，选取"立方体"形状，$X =$ 80mm，$Y = 80$mm，$Z = 20$mm，单击"确定"按钮 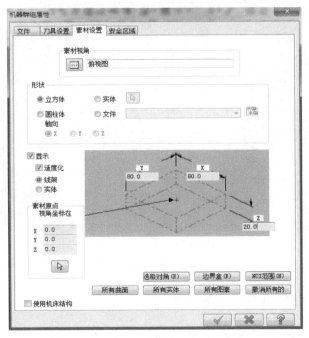，如图 4-51 所示。

图 4-51　素材设置

2）顶平面粗精加工、78mm×78mm 正方形轮廓粗精加工和凸台粗精加工实体切削模拟如图 4-52 所示。

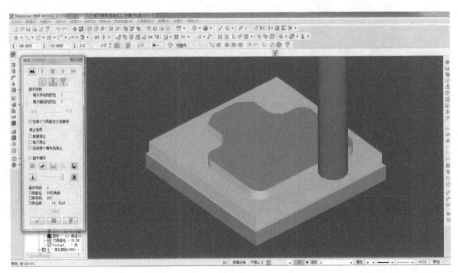

图 4-52　实体切削模拟（一）

3）49mm×28mm 方圆槽粗精加工和 21mm×21mm 方圆槽粗精加工实体切削模拟如图 4-53 所示。

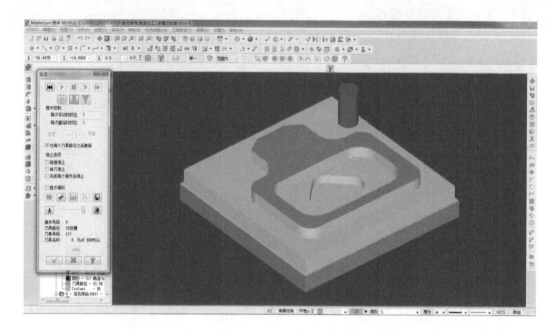

图 4-53　实体切削模拟（二）

4）孔加工实体切削模拟如图 4-54 所示。

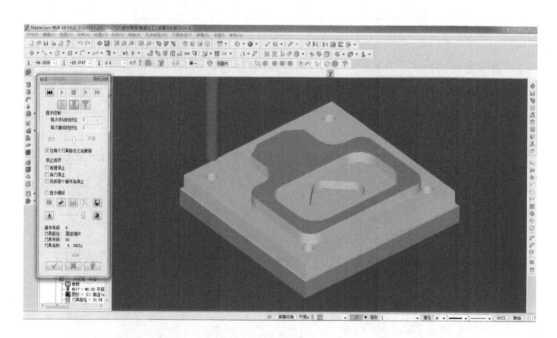

图 4-54　实体切削模拟（三）

九、在数控铣床上完成零件加工

分步完成零件加工，并记录操作过程（表 4-4）。

表 4-4 操作过程

序号	操作内容	结果记录
1		
2		
3		
4		
5		
6		
7		
8		
9		
10		
11		
12		
13		
14		
15		
16		
17		
18		
19		
20		
21		
22		

第三部分 评价与反馈

十、自我评价（表 4-5）

表 4-5 自我评价

序号	评价项目	是	否
1	是否能分析出零件的正确形体		
2	前置作业是否全部完成		
3	是否完成小组分配的任务		
4	是否认为自己在小组中不可或缺		
5	是否严格遵守课堂纪律		
6	在本次学习任务执行过程中,是否主动帮助同学		
7	对自己的表现是否满意		

十一、小组评价（表4-6）

表4-6　小组评价

序号	评价项目	评价
1	团队合作意识,注重沟通	
2	能自主学习及相互协作,尊重他人	
3	学习态度积极主动,能参加安排的活动	
4	能正确地领会他人提出的学习问题	
5	遵守学习场所的规章制度	
6	具有工作岗位的责任心	
7	主动学习	
8	能正确对待肯定和否定的意见	
9	团队学习中的主动与合作意识	
评价人：		年　　月　　日

十二、教师评价（表4-7）

表4-7　教师评价

序号	评价项目	教师评价			
		优	良	中	差
1	按时上课,遵守课堂纪律				
2	着装符合要求,遵守实训室安全操作规程				
3	学习的主动性和独立性				
4	工、量、辅具及刀具使用规范,机床操作规范				
5	主动参与工作现场的6S工作				
6	工作页填写完整				
7	与小组成员积极沟通并协助其他成员共同完成学习任务				
8	会快速查阅各种手册等资料				
9	教师综合评价				

第四部分　拓　　展

　　要完成10000件多重方轮廓零件的加工，相对于前面制订的单件生产工艺，在选择工、量、辅具及刀具，制订工艺流程，编制加工程序等方面要进行哪些修改？

任务五

长斜曲面加工

学习目标

通过对长斜曲面加工这一学习任务的学习，学生能：

1. 按照安全文明生产的要求规范工作。
2. 按照机床的安全操作规程进行操作。
3. 以小组合作的形式，分析零件的加工工艺，并制订加工路线。
4. 正确填写数控加工工序卡。
5. 正确选用曲面加工方法。
6. 用 Mastercam 软件对零件进行三维建模，编写刀具路径，进行仿真加工及生成加工程序。
7. 对加工程序进行修改。
8. 使用机用虎钳装夹工件并定位。
9. 根据数控加工工序卡正确选用立铣刀和球头铣刀。
10. 根据刀具材料、类型、毛坯材料等正确选用切削参数完成零件加工。
11. 在换刀后正确对刀。
12. 正确对零件进行检测。
13. 完成多元评价及工作总结。

建议学时

12 学时。

学习任务描述

某机械加工厂委托我单位加工一批长斜曲面零件（图 5-1），数量为 100 件。产品零件图样由该工厂提供，要求使用规定的材料，加工质量应符合要求，交货期为 7 天。

零件编程人员接到任务后，与客户沟通，全面了解零件的加工要求并提出自己的建议，得到客户的同意；按照图样的要求制订合理的加工方案，对零件进行建模、仿真，生成加工程序，填写数控加工工序卡；安排生产人员对零件进行加工。

生产人员接到生产任务后，分析零件图样，看懂工序卡并根据车间现有的设备拟定零件加工工作计划，零件加工完成后要进行检测，并填写相关表格，提交检验报告。

第一部分 学习准备

一、零件图样

长斜曲面零件图如图 5-1 所示，其评分标准见表 5-1。

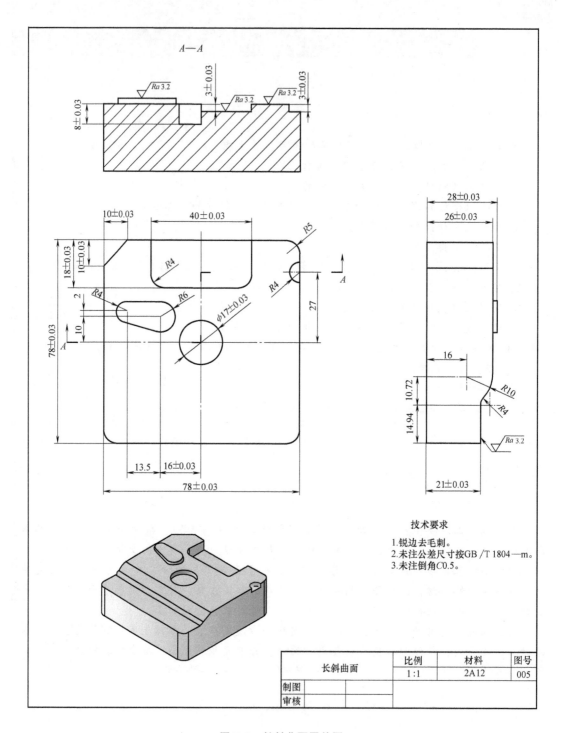

图 5-1　长斜曲面零件图

表 5-1 评分标准　　　　　　　　　　　　　　（单位：mm）

定额时间	180min		考核日期		总得分			
序号	考核项目	配分	评分标准		检测结果	扣分	得分	备注
1	78±0.03（2处）	8分	每处超差 0.02 扣 1 分					
2	40±0.03	6分	超差 0.02 扣 1 分					
3	18±0.03	4分	超差 0.02 扣 1 分					
4	10±0.03（2处）	8分	每处超差 0.02 扣 1 分					
5	28±0.03	4分	超差 0.02 扣 1 分					
6	26±0.03	4分	超差 0.02 扣 1 分					
7	21±0.03	4分	超差 0.02 扣 1 分					
8	16±0.03	4分	超差 0.02 扣 1 分					
9	8±0.03	4分	超差 0.02 扣 1 分					
10	3±0.03（2处）	6分	每处超差 0.02 扣 1 分					
11	ϕ17±0.03	6分	超差 0.02 扣 1 分					
12	R10	4分	超差扣 4 分					
13	R4（曲面）	4分	超差扣 4 分					
14	R4（5处）	10分	超差一处扣 2 分					
15	R6	2分	超差扣 2 分					
16	R5（3处）	6分	超差一处扣 2 分					
17	Ra3.2μm（4处）	6分	超差一处扣 1.5 分					
18	安全文明生产、清洁卫生	10分	不符合操作规范酌情扣分					
	合　计	100分						

二、长斜曲面图样分析

1. 零件图完整性分析

（1）图 5-1 所示图形构成要素包括：平面、凸台、＿＿＿＿＿、＿＿＿＿＿、＿＿＿＿＿、＿＿＿＿＿、＿＿＿＿。

（2）线型包括：粗实线、细实线、＿＿＿＿、＿＿＿＿、＿＿＿＿、＿＿＿＿、＿＿＿＿。

（3）定形尺寸、定位尺寸分别为：

1）定形尺寸包括：＿＿＿＿＿＿＿＿＿＿＿＿＿＿＿＿＿＿＿＿＿＿＿＿＿＿。

2）定位尺寸包括：＿＿＿＿＿＿＿＿＿＿＿＿＿＿＿＿＿＿＿＿＿＿＿＿＿＿。

> 小提示：
> 1. 定形尺寸：确定各基本体形状和大小的尺寸。
> 2. 定位尺寸：确定各基本体之间相对位置的尺寸。

2. 零件结构工艺性分析

（1）零件分几次装夹才能加工完成所有面？

理由：_____

_____

_____。

（2）零件分几道工序才能完全加工出来？

理由：_____

_____

_____。

（3）零件能否避免斜面钻孔与内腔加工？

理由：_____

_____

_____。

（4）零件加工面尺寸是否便于测量？

理由：_____

_____

_____。

（5）零件结构是否便于拆装与维修？

理由：_____

_____

_____。

（6）零件各加工部分是否全部能使用标准刀具加工？

理由：_____

_____

_____。

三、零件的三维造型

1. 打开 Mastercam X6 软件，新建一个文件名为长斜曲面的文件并保存。

2. 按_____键显示坐标系，选择_____命令，输入 78mm×78mm，选择原点为中心点，单击 ✔ 确定，绘制边长为 78mm 的正方形。

3. 找出 40mm×18mm 矩形的对称中心点，重复第 2 步的操作，绘制 40mm×18mm 的矩形。

4. 找出 4 个圆心，选择_____命令绘制 ϕ17mm、R4mm 和 R6mm 的圆。

5. 选择_____命令对 5 处地方倒圆角。

6. 选择_____命令，单击_____，做出两圆相切线。

7. 选择_____命令，对多余线段进行修剪。

8. 在 屏幕视角 平面a Z 39.0 ▾ 处输入 Z=_____，单击_____选择左视图，单击_____选择左视图,画出 $R10$mm 和 $R4$mm 曲面截面线和引导线。

9. 选择_____命令,选取曲面截面线,单击 [✓] 确定;选取引导线,单击 [✓] 确定,画出 $R10$mm 和 $R4$mm 扫描曲面。

四、加工工艺的安排

1. 用 Mastercam 软件自动编程加工时,需先用_____加工方法进行平面加工,再用_____加工方法加工外形,用_____加工方法分别加工凸台,用_____加工方法分别加工 $R4$mm 半圆和 40mm×18mm 的矩形,用_____加工方法加工 $\phi17$mm 的内槽。

2. 工件翻面加工后,需用_____加工平面,以保证高度为_____ mm 的尺寸。

五、刀具直径及下刀方式选择

1. 加工 $\phi17$mm 内槽时,选用 ϕ _____ mm 的_____刀。

2. 在选择好刀具以后,挖槽加工的下刀方式选择_____或_____;分_____层完成加工,每层切削深度_____。

3. 加工 $R10$mm 和 $R4$mm 曲面时,选用 ϕ _____ mm 的_____刀。

第二部分 计划与实施

六、生产前的准备

1. 认真阅读零件图,完成表 5-2

表 5-2 分析零件图

分析项目	分析内容
标题栏信息	零件名称: 零件材料: 毛坯规格:
零件形体	描述零件主要结构:
尺寸公差	图样上标注公差的尺寸有:
几何公差	零件有没有几何公差要求:
表面粗糙度	零件加工表面粗糙度:
其他技术要求	描述零件其他技术要求:

2. 准备工、量具等

夹具:

刀具:

量具:

其他工具或辅具:

3. 填写数控加工工序卡 (表 5-3)

表 5-3 数控加工工序卡

单位名称		数控加工工序卡	零件名称		零件图号		材料		硬度		
工序号		工序名称	加工车间		设备名称 数控铣床		设备型号		夹具		
工步号	工步内容	刀具类型	刀具规格尺寸/mm	程序名	切削速度/(m/min)	主轴转速/(r/min)	进给量/(mm/r)	进给速度/(mm/min)	背吃刀量/mm	进给次数	备注
编制		审核		批准		共 页		第 页			

七、自动编程

根据填写的数控加工工序卡，使用 CAD/CAM 软件绘制零件二维图形，生成加工刀具路径，并将刀具路径转换为加工程序。

1. 零件的顶面造型

1）打开 Mastercam X6 软件，新建一个文件名为长斜曲面的文件并保存。

2）按<F9>键显示坐标系，单击 ⊞ 命令，输入 78mm×78mm，选择原点为中心点，单击 ☑ 确定，绘制边长为 78mm 的正方形。

3）找出 40mm×18mm 矩形的对称中心点，重复第 2 步的操作，绘制 40mm×18mm 的矩形。

4）找出 4 个圆心，单击 ⊕ 命令绘制 φ17mm、R4mm 和 R6mm 的圆。

5）单击 ⌐ 命令对 5 处地方倒圆角。

6）单击 ↖ → ⟋ 命令，做出两圆相切线。

7）单击 ✂ 命令，对多余线段进行修剪。

8）在 [屏幕视角] [平面a] [Z 39.0] ▼ 处输入 Z = 39，单击 [屏幕视角] 选择左视图，单击 [平面a] 选择左视图，如图 5-2 所示。画出 R10mm 和 R4mm 曲面截面线和引导线，如图 5-3 所示。

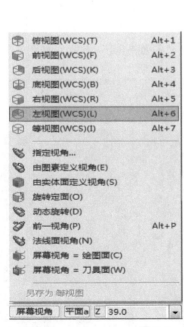

图 5-2 选择左视图

9）单击 ⟋ 命令，选取曲面截面线，单击 ☑ 确定；再选取引导线，单击 ☑ 确定，画出 R10mm 和 R4mm 扫描曲面，如图 5-4 所示。

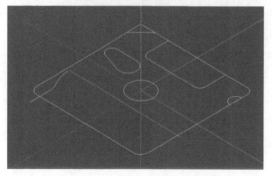

图 5-3　画出 R10mm 和 R4mm 曲面截面线和引导线

图 5-4　画出 R10mm 和 R4mm 扫描曲面

2. 创建刀具路径及进行仿真模拟

（1）顶平面粗精加工刀具路径的创建

1）选择机床类型：单击菜单栏"机床类型"→"铣床"→"默认"，如图 5-5 所示。

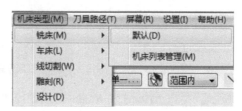

图 5-5　选择机床类型

2）选择菜单栏"刀具路径"→"平面铣"，选取 78mm×78mm 的正方形，单击 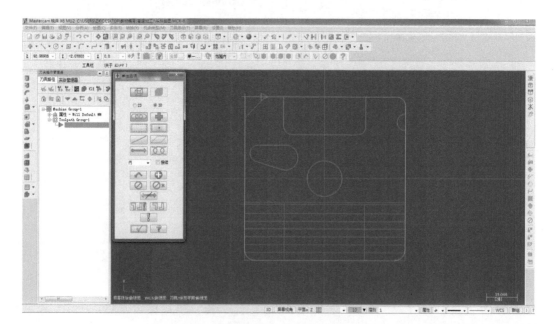 确定，如图 5-6 所示。

3）在弹出的"平面铣削"对话框中，选择"平面铣削"方式，如图 5-7 所示。

图 5-6　选取 78mm×78mm 的正方形

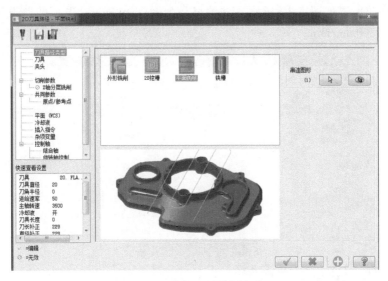

图 5-7　选择平面铣削方式

4）设置刀具参数。单击 过滤(F)... 进行刀具过滤列表设置，选择直径等于 14mm 的平底刀，如图 5-8 所示，单击 ✓ 确定。

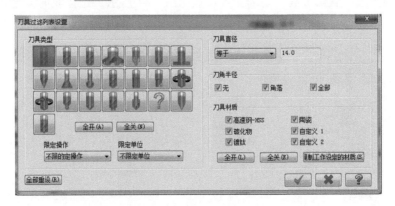

图 5-8　刀具过滤列表设置

5）单击 从刀库中选择... 选择过滤的刀具，如图 5-9 所示，单击 ✓ 确定。

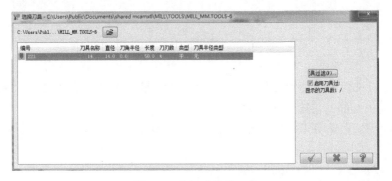

图 5-9　选择过滤的刀具

6）刀具参数设置如图 5-10 所示，进给率设为 800mm/min，主轴转速设为 1200r/min，下刀速率设为 1500mm/min。

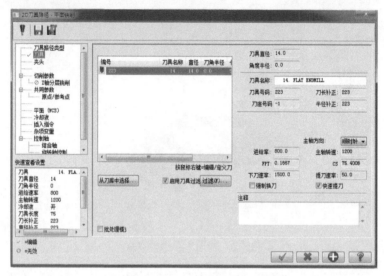

图 5-10　刀具参数设置

7）夹头参数选择默认参数。切削参数设置如图 5-11 所示，选择双向类型切削，粗切角度为 90°，底面预留量为 0mm。

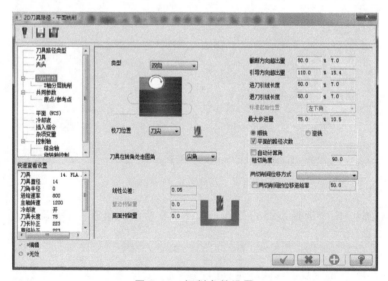

图 5-11　切削参数设置

8）Z 轴分层铣削参数设置如图 5-12 所示，最大粗切步进量设为 2mm，精修次数设为 1，精修量设为 0.3mm，勾选"不提刀"。

9）共同参数设置如图 5-13 所示，工件表面设为 1mm，深度设为 0mm，单击 ✓ 确定。

10）顶平面粗精加工刀具路径如图 5-14 所示。

图 5-12　Z 轴分层铣削参数设置

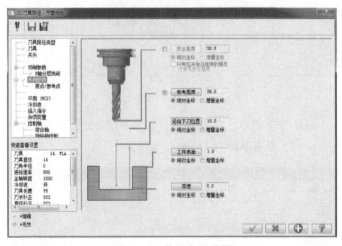

图 5-13　共同参数设置

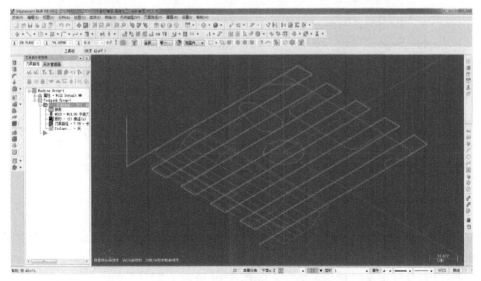

图 5-14　顶平面粗精加工刀具路径

（2）78mm×78mm 方形倒圆轮廓粗精加工刀具路径的创建

1）选择菜单栏"刀具路径"→"外形铣削"，选取 78mm×78mm 的方形轮廓线，单击 确定，弹出"外形铣削"对话框，选择"外形铣削"方式，如图 5-15 所示。

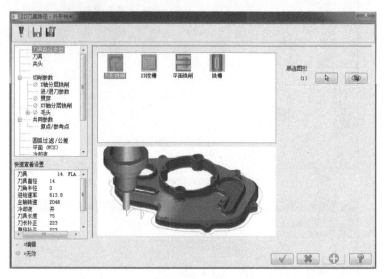

图 5-15　选择外形铣削方式

2）选择直径为 14mm 的平底刀，刀具参数设置如图 5-16 所示，进给率设为 800mm/min，主轴转速设为 1200r/min，下刀速率设为 1500mm/min。

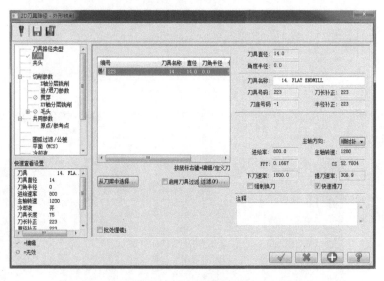

图 5-16　刀具参数设置

3）切削参数设置如图 5-17 所示，壁边预留量设为 0mm，底面预留量设为 0mm。

4）Z 轴分层铣削参数设置如图 5-18 所示，最大粗切步进量设为 5mm，精修次数设为 0，勾选"不提刀"。

5）进/退刀设置选择"相切"方式，如图 5-19 所示。

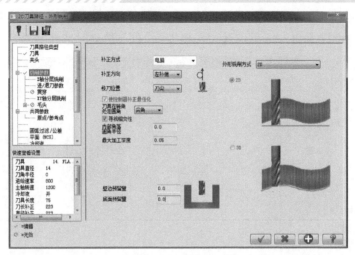

图 5-17 切削参数设置

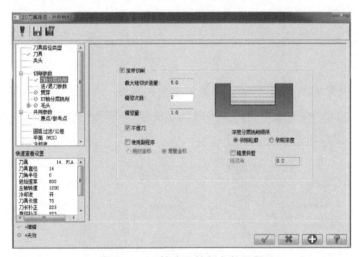

图 5-18 Z 轴分层铣削参数设置

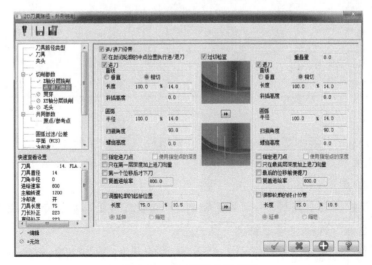

图 5-19 进/退刀参数设置

6）*XY* 轴分层铣削参数设置如图 5-20 所示，粗加工次数设为 1，间距设为 10mm；精加工次数设为 1，间距设为 0.5mm，勾选"不提刀"，执行精修时选择"最后深度"。

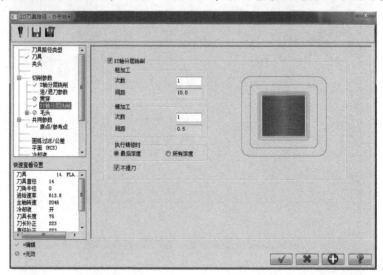

图 5-20 *XY* 轴分层铣削参数设置

7）共同参数设置如图 5-21 所示，设置深度为−18mm，单击 ✓ 确定。

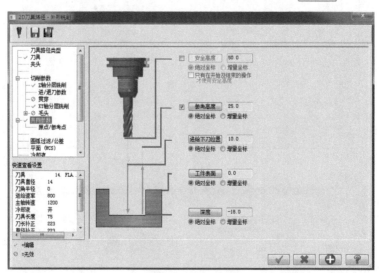

图 5-21 共同参数设置

8）78mm×78mm 方形倒圆轮廓粗精加工刀具路径如图 5-22 所示。

（3）凸台轮廓和高度为 3mm 平面粗精加工刀具路径的创建（参照 78mm×78mm 方形倒圆轮廓粗精加工步骤）

1）单击菜单栏"刀具路径"→"外形铣削"，选取凸台轮廓线，单击 ✓ 确定，弹出"外形铣削"对话框，选择"外形铣削"方式。

2）选择直径为 14mm 的平底刀，设置刀具的进给率为 800mm/min，主轴转速为 1200r/min，下刀速率为 1500mm/min。

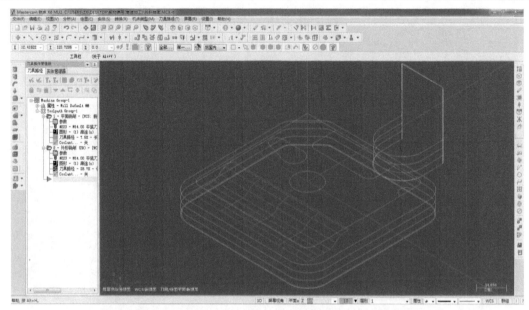

图 5-22　78mm×78mm 方形倒圆轮廓粗精加工刀具路径

3）设置切削参数，壁边预留量设为 0mm，底面预留量设为 0mm。

4）设置 Z 轴分层铣削参数，最大粗切步进量设为 3mm，精修次数设为 1，精修量设为 0.3mm，勾选"不提刀"。

5）进/退刀设置选择"相切"方式。

6）设置 XY 轴分层铣削参数，粗加工次数设为 7，间距设为 10mm；精加工次数设为 1，间距设为 0.5mm，勾选"不提刀"，执行精修时选择"最后深度"。

7）设置共同参数，工件表面设为 0mm，深度设为-3mm，单击 ✓ 确定。

8）凸台轮廓和高度为 3mm 平面粗精加工刀具路径如图 5-23 所示。

9）修剪刀具路径：以中心点为对称中心，绘出 100mm×100mm 的正方形；单击菜单栏"刀具路径"→"路径修剪"，选择正方形为修剪边界，单击 ✓ 确定；单击正方形内任意点选取要保留的刀具路径，再选择刀具操作管理器中的刀具路径，单击 ✓ 确定，修剪后的刀具路径如图 5-24 所示。

（4）R4mm 半圆槽粗精加工刀具路径的创建

1）单击菜单栏"刀具路径"→"外形铣削"，选取 R4mm 半圆轮廓线，单击 ✓ 确定，弹出"外形铣削"对话框，选择"外形铣削"方式。

2）选择直径为 8mm 的平底刀，设置刀具的进给率为 800mm/min，主轴转速为 2500r/min，下刀速率为 1500mm/min。

3）设置切削参数，壁边预留量设为-0.01mm，底面预留量设为 0mm。

4）设置 Z 轴分层铣削参数，最大粗切步进量设为 6mm，精修次数设为 1，精修量设为 0.3mm，勾选"不提刀"。

5）进/退刀设置选择"相切"方式，进/退刀长度均为 25%，圆弧半径均为 125%。

6）不选择 XY 轴分层铣削。

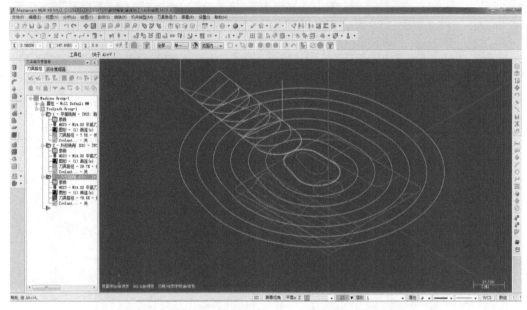

图 5-23　凸台轮廓和高度为 3mm 平面粗精加工刀具路径

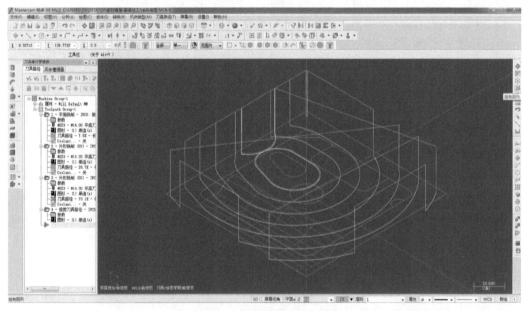

图 5-24　修剪后的刀具路径

7）设置共同参数，工件表面设为 0mm，深度设为−6mm，单击 确定。

8）R4mm 半圆槽粗精加工刀具路径如图 5-25 所示。

（5）40mm×18mm 方圆槽粗精加工刀具路径的创建

1）单击菜单栏"刀具路径"→"外形铣削"，选取 40mm×18mm 方圆轮廓线，单击 确定，弹出"外形铣削"对话框，选择"外形铣削"方式。

2）选择直径为 8mm 的平底刀，设置刀具的进给率为 800mm/min，主轴转速为 2500r/min，

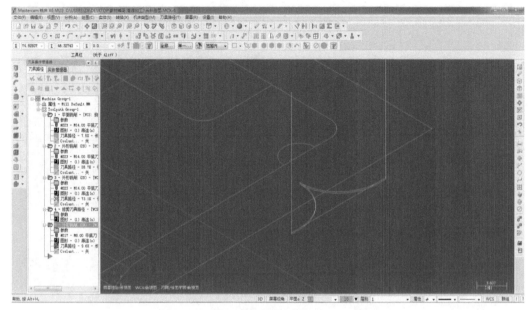

图 5-25　R4mm 半圆槽粗精加工刀具路径

下刀速率为 1500mm/min。

3）设置切削参数，壁边预留量设为 0mm，底面预留量设为 0mm。

4）设置 Z 轴分层铣削参数，最大粗切步进量设为 6mm，精修次数设为 1，精修量设为 0.3mm，勾选"不提刀"。

5）进/退刀设置选择"相切"方式，进/退刀长度均为 25%，调整轮廓的起始位置和终止位置长度均为 75%。

6）设置 XY 轴分层铣削参数，粗加工次数设为 4，间距设为 5mm；精加工次数设为 1，间距设为 0.5mm，勾选"不提刀"，执行精修时选择"最后深度"。

7）设置共同参数，工件表面设为 0mm，深度设为−6mm，单击 ✓ 确定。

8）40mm×18mm 方圆槽粗精加工刀具路径如图 5-26 所示。

（6）φ17mm 圆槽粗精加工刀具路径的创建

1）单击菜单栏"刀具路径"→"2D 挖槽"，选取 φ17mm 圆轮廓线，单击 ✓ 确定，弹出"2D 挖槽"对话框，选择"2D 挖槽"方式。

2）选择直径等于 8mm 的平底刀，设置刀具进给率为 800mm/min，主轴转速为 2500r/min，下刀速率为 1500mm/min。

3）设置切削参数，壁边预留量设为 0mm，底面预留量设为 0mm。

4）粗加工选择"螺旋切削"方式，进刀方式选择"螺旋式"，最小半径设为 3mm。

5）设置精加工参数，精修次数设为 1，间距设为 0.5mm，进给率设为 600mm/min，主轴转速设为 2800r/min，选择"精修外边界"；进/退刀设置选择"相切"方式，进/退刀长度均为 50%，圆弧半径均为 50%。

6）设置 Z 轴分层铣削参数，最大粗切步进量设为 6mm，精修次数设为 1，精修量设为 0.3mm。

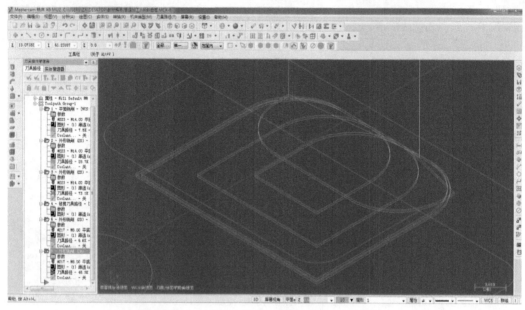

图 5-26　40mm×18mm 方圆槽粗精加工刀具路径

7）设置共同参数，工作表面设为 0mm，深度设为–11mm，单击 ![确定按钮] 确定。

8）φ17mm 圆槽粗精加工刀具路径如图 5-27 所示。

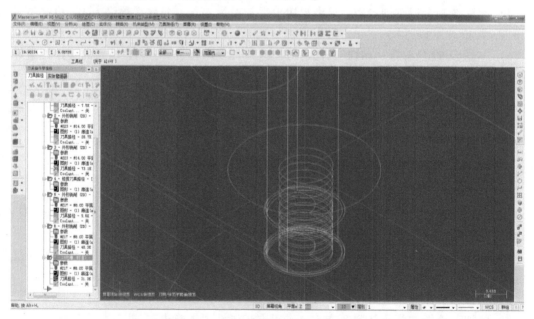

图 5-27　φ17mm 圆槽粗精加工刀具路径

（7）R10mm 和 R4mm 曲面粗加工刀具路径的创建

1）单击菜单栏"刀具路径"→"曲面粗加工"→"平行铣削加工"，选取全部加工面，按回车键确定，在弹出的"曲面选取"对话框中选取曲面（可以选择加工面、干涉面、加工边界和指定下刀点），单击 ![确定按钮] 确定，弹出"曲面粗加工平行铣削"对话框。

2）选择直径等于 8mm 的平底刀，设置刀具进给率为 800mm/min，主轴转速为 2500r/min，下刀速率为 1500mm/min。

3）曲面参数设置如图 5-28 所示，加工面预留量设为 0.3mm。进/退刀向量设置如图 5-29 所示。

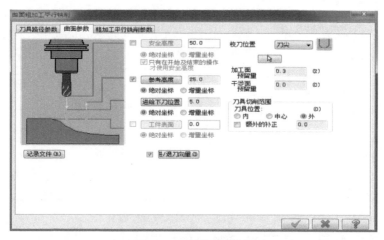

图 5-28 曲面参数设置

图 5-29 进/退刀向量设置

4）粗加工平行铣削参数设置如图 5-30 所示，最大切削间距设为 5mm，选择双向切削方式，最大 Z 轴进给量设为 2mm，切削路径允许连续下刀提刀，单击 ✓ 确定。

5）R10mm 和 R4mm 曲面粗加工刀具路径如图 5-31 所示。

（8）14.94mm 窄平面精加工刀具路径的创建

1）单击菜单栏"刀具路径"→"曲面精加工"→"精加工平行铣削"，选取 14.94mm 窄平面作为加工面，按回车键确定，在弹出的"曲面选取"对话框中，选择 R10mm 和 R4mm 曲面作为干涉面，按回车键确定，再单击 ✓ 确定，弹出"曲面精加工平行铣削"对话框。

2）选择直径等于 8mm 的平底刀，设置刀具进给率为 600mm/min，主轴转速为 2800r/min，下刀速率为 1500mm/min。

3）设置曲面参数，加工面预留量设为 0mm，干涉面预留量设为 0.3mm。进/退刀向量设置如图 5-32 所示。

图 5-30　粗加工平行铣削参数设置

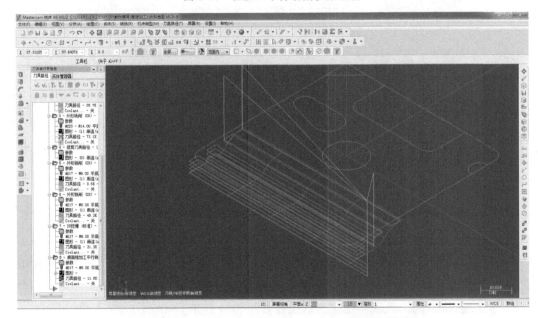

图 5-31　R10mm 和 R4mm 曲面粗加工刀具路径

图 5-32　进/退刀向量设置

4）设置精加工平行铣削参数，最大切削间距设为 5mm，选择双向切削方式，加工角度为 0°，单击  确定。

5）14.94mm 窄平面精加工刀具路径如图 5-33 所示。

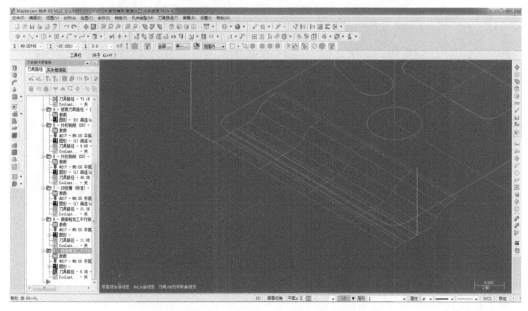

图 5-33　14.94mm 窄平面精加工刀具路径

（9）R10mm 和 R4mm 曲面精加工刀具路径的创建

1）单击菜单栏"刀具路径"→"曲面精加工"→"精加工平行铣削"，选取 R10mm 和 R4mm 曲面，按回车键确定，在弹出的"曲面选取"对话框中，选择 14.94mm 窄平面作为干涉面，按回车键确定，再单击 确定，弹出"曲面精加工平行铣削"对话框。

2）单击 刀具过滤 进行刀具过滤设置，选择直径等于 8mm 的球铣刀，设置刀具进给率为 800mm/min，主轴转速为 3500r/min，下刀速率为 1500mm/min。

3）设置曲面参数，加工面预留量设为 0mm，干涉面预留量设为 0mm，刀具位置选择外切削范围。进/退刀向量设置如图 5-34 所示。

图 5-34　进/退刀向量设置

4）设置精加工平行铣削参数，最大切削间距设为 0.1mm，选择双向切削方式，加工角度为 0°，单击 确定。

5）R10mm 和 R4mm 曲面精加工刀具路径如图 5-35 所示。

（10）底面加工

1）将工件翻过来反面打表装夹。

2）重新对刀。

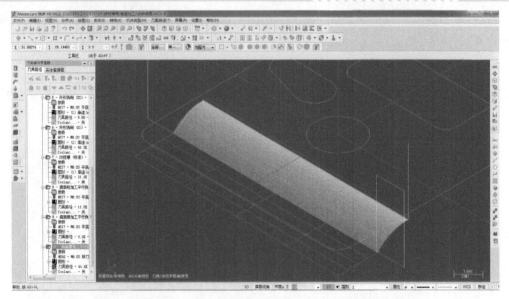

图 5-35 *R*10mm 和 *R*4mm 曲面精加工刀具路径

3）底平面粗精加工（参照顶平面粗精加工步骤），加工深度设为实测工件厚度减去 28mm。

4）底面 78mm×78mm 方形倒圆轮廓粗精加工（参照顶平面 78mm×78mm 方形倒圆轮廓粗精加工步骤）。

（11）素材设置与实体模拟

1）在刀具操作管理器中，单击"属性"→"素材设置"，选取"立方体"形状，*X* = 80，*Y* = 80，*Z* = 30，单击 ✓ 确定。

2）顶平面粗精加工、78mm×78mm 方形倒圆轮廓粗精加工、凸台轮廓和高度为 3mm 平面粗精加工以及 *R*4mm 半圆槽粗精加工实体切削模拟如图 5-36 所示。

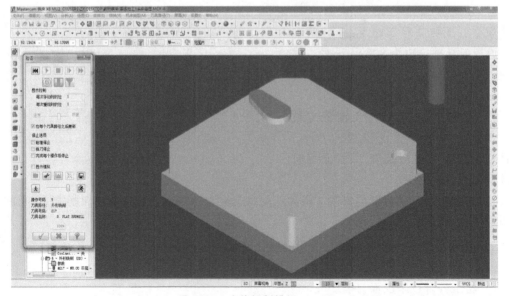

图 5-36 实体切削模拟（一）

3）40mm×18mm 方圆槽粗精加工和 φ17mm 圆槽粗精加工实体切削模拟如图 5-37 所示。

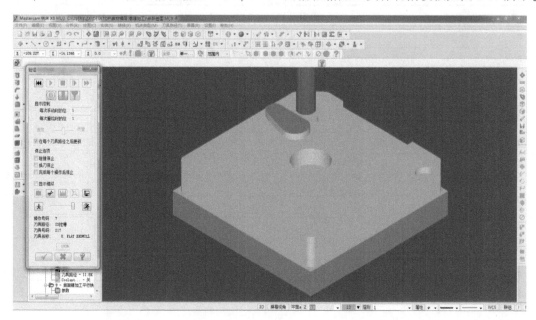

图 5-37 实体切削模拟（二）

4）R10mm 和 R4mm 曲面粗精加工、14.94mm 窄平面精加工实体切削模拟如图 5-38 所示。

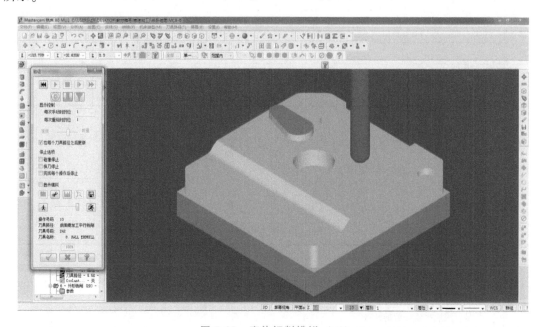

图 5-38 实体切削模拟（三）

八、在数控铣床上完成零件加工

分步完成零件加工，并记录操作过程（表 5-4）。

表 5-4　操作过程

序号	操 作 内 容	结果记录
1		
2		
3		
4		
5		
6		
7		
8		
9		
10		
11		
12		
13		
14		
15		
16		
17		
18		
19		
20		
21		
22		

第三部分　评价与反馈

九、自我评价（表 5-5）

表 5-5　自我评价

序号	评 价 项 目	是	否
1	是否能分析出零件的正确形体		
2	前置作业是否全部完成		
3	是否完成小组分配的任务		
4	是否认为自己在小组中不可或缺		
5	是否严格遵守课堂纪律		
6	在本次学习任务执行过程中,是否主动帮助同学		
7	对自己的表现是否满意		

十、小组评价（表5-6）

表5-6 小组评价

序号	评价项目	评价
1	团队合作意识,注重沟通	
2	能自主学习及相互协作,尊重他人	
3	学习态度积极主动,能参加安排的活动	
4	能正确地领会他人提出的学习问题	
5	遵守学习场所的规章制度	
6	具有工作岗位的责任心	
7	主动学习	
8	能正确对待肯定和否定的意见	
9	团队学习中的主动与合作意识	
评价人：		年　月　日

十一、教师评价（表5-7）

表5-7 教师评价

序号	评价项目	教师评价			
		优	良	中	差
1	按时上课,遵守课堂纪律				
2	着装符合要求,遵守实训室安全操作规程				
3	学习的主动性和独立性				
4	工、量、辅具及刀具使用规范,机床操作规范				
5	主动参与工作现场的6S工作				
6	工作页填写完整				
7	与小组成员积极沟通并协助其他成员共同完成学习任务				
8	会快速查阅各种手册等资料				
9	教师综合评价				

第四部分　拓　　展

要完成10000件长斜曲面零件的加工，相对于前面制订的单件生产工艺，在选择工、量、辅具及刀具，制订工艺流程，编制加工程序等方面要进行哪些修改？

模块三　数控铣工中职技能竞赛训练

任务六

配合件加工

通过对配合件加工这一学习任务的学习，学生能：

1. 以小组合作的形式，制订配合件加工工艺。
2. 掌握极限与配合的基本知识。
3. 使用 Mastercam 软件绘制配合件 1 和配合件 2 的二维轮廓图。
4. 用 CAM 软件编制钻孔、平面、外形、挖槽等加工刀路。
5. 使用百分表进行翻面找正。
6. 按照制订好的工艺流程，正确操作机床，加工出合格的配合件 1 和配合件 2。
7. 使用内径千分尺进行孔的精度检测。

建议学时

6 学时。

学习任务描述

某公司委托我单位加工一批配合件，如图 6-1～图 6-3 所示，批量 100 件，要求在 5 天内完成加工。生产管理部已下达加工任务，工期为 4 天，任务完成后提交成品及检验报告。

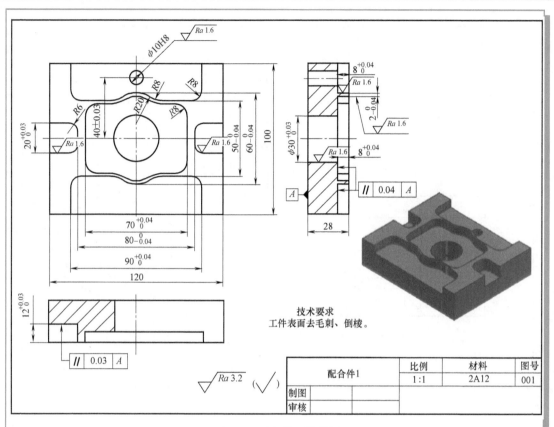

图 6-1　配合件 1 零件图

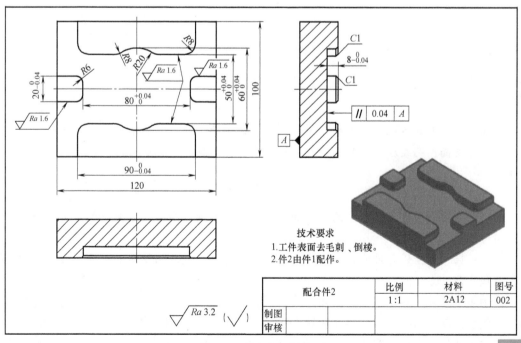

图 6-2　配合件 2 零件图

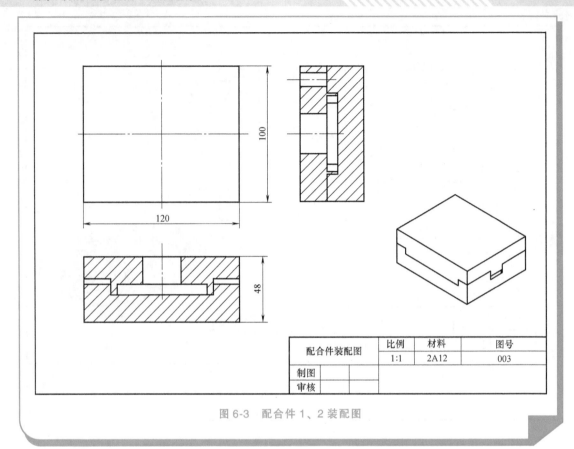

图 6-3　配合件 1、2 装配图

第一部分　学 习 准 备

　　孔和轴结合是众多机械连接形式中最简单、基本的一种。一般情况下，孔和轴是指圆柱形的内、外表面，而在极限与配合的相关标准中，孔和轴的定义更为广泛。

一、孔和轴

　　孔——通常指工件各种形状的内表面，包括圆柱形内表面和其他由一尺寸形成的非圆柱形的包容面。

　　轴——通常指工件各种形状的外表面，包括圆柱形外表面和其他由一尺寸形成的非圆柱形的被包容面。

　　其中包容与被包容是就零件的装配关系而言的，即在零件装配后形成包容与被包容的关系，凡包容面统称为孔，被包容面统称为轴。图 6-4a 所示为由圆柱形的内、外表面所形成的孔和轴，装配后形成包容与被包容的关系；图 6-4b 所示为槽的两侧面与键的两侧面装配后形成包容与被包容的关系，因此，前者为孔，后者为轴。

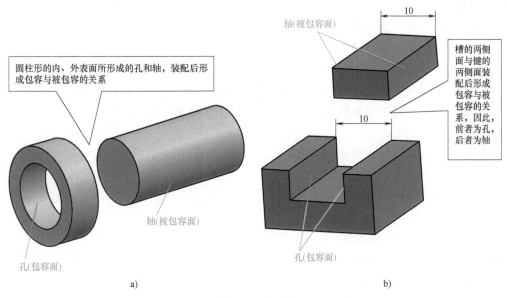

图 6-4 孔与轴

二、尺寸的术语及其定义

1. 尺寸

用特定单位表示长度大小的数值称为尺寸。长度包括直径、半径、宽度、深度、高度和中心距等。尺寸由数值和单位两部分组成，如 30mm（毫米）、50μm（微米）等。在机械制图中，图样上的尺寸通常以 mm 为单位。如以 mm 为单位时，可省略单位的标注，仅标注数值。采用其他单位时，则必须在数值后注写单位。

2. 公称尺寸

公称尺寸由设计给定，设计时可根据零件的使用要求，通过计算、试验或类比的方法，并经过标准化后来确定。如图 6-5 所示，$\phi 10$mm 为轴直径的公称尺寸，35mm 为其长度的公称尺寸；$\phi 20$mm 为孔直径的公称尺寸。

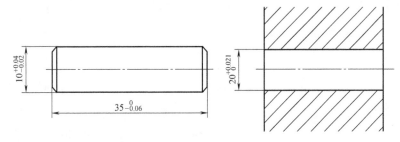

图 6-5 公称尺寸

孔的公称尺寸用 D 表示；轴的公称尺寸用 d 表示。

3. 实际尺寸

通过测量获得的尺寸称为实际尺寸。由于存在加工误差，零件同一表面上不同位置的实际尺寸不一定相等。

4. 极限尺寸

尺寸要素允许尺寸变动的界限值称为极限尺寸。其中，尺寸要素允许的最大尺寸称为上极限尺寸；尺寸要素允许的最小尺寸称为下极限尺寸。

在机械加工中，由于存在各种因素形成的加工误差，要把同一规格的零件加工成同一尺寸是不可能的。从使用的角度来讲，也没有必要将同一规格的零件都加工成同一尺寸，只需将零件的实际尺寸控制在一具体范围内，就能满足使用要求。这个范围由上述两个极限尺寸确定。

极限尺寸是以公称尺寸为基数来确定的，它可以大于、小于或等于公称尺寸。图6-6所示为孔、轴的公称尺寸、上下极限尺寸关系。

孔的公称尺寸 $D=\phi30\mathrm{mm}$

孔的上极限尺寸 $D_{\max}=\phi30.021\mathrm{mm}$

孔的下极限尺寸 $D_{\min}=\phi30\mathrm{mm}$

轴的公称尺寸 $d=\phi30\mathrm{mm}$

轴的上极限尺寸 $d_{\max}=\phi29.993\mathrm{mm}$

轴的下极限尺寸 $d_{\min}=\phi29.980\mathrm{mm}$

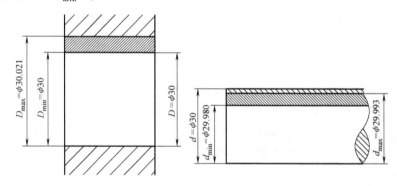

图6-6　孔、轴的公称尺寸、上下极限尺寸关系

零件加工后的实际尺寸应介于上极限尺寸与下极限尺寸之间，即不允许大于上极限尺寸，也不允许小于下极限尺寸。否则零件尺寸就不合格。

三、偏差与公差的术语及其定义

1. 偏差

某一尺寸（实际尺寸、极限尺寸等）减其公称尺寸所得的代数差称为偏差。

（1）极限偏差　极限尺寸减其公称尺寸所得的代数差称为极限偏差。由于极限尺寸有上极限尺寸和下极限尺寸之分，对应的极限偏差又分为上极限偏差和下极限偏差，如图6-7所示。

上极限偏差：上极限尺寸减其公称尺寸所得的代数差称为上极限偏差。孔的上极限偏差用 ES 表示；轴的上极限偏差用 es 表示。用公式表示为

$$\begin{cases} \mathrm{ES}=D_{\max}-D \\ \mathrm{es}=d_{\max}-d \end{cases} \quad\quad (1\text{-}1)$$

下极限偏差：下极限尺寸减其公称尺寸所得的代数差称为下极限偏差。孔的下极限偏差

用 EI 表示；轴的下极限偏差用 ei 表示。用公式表示为

$$\begin{cases} EI = D_{\min} - D \\ ei = d_{\min} - d \end{cases} \qquad (1\text{-}2)$$

（2）实际偏差　实际尺寸减其公称尺寸所得的代数差称为实际偏差。合格零件的实际偏差应在规定的上、下极限偏差之间。

例 6-1　计算轴 $\phi 60^{+0.018}_{-0.012}$mm 的极限尺寸，如图 6-8 所示，若该轴加工后测得实际尺寸为 $\phi 60.012$mm，试判断该零件尺寸是否合格。

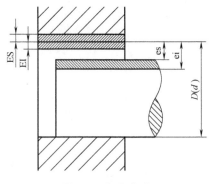

图 6-7　极限偏差

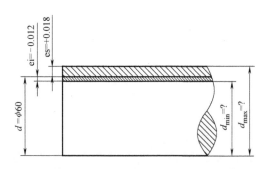

图 6-8　轴的极限尺寸、偏差与公差综合计算示例

解：由式（1-1）和式（1-2）得

轴的上极限尺寸 $d_{\max} = d + es =$

轴的下极限尺寸 $d_{\min} = d + ei =$

因此，该零件尺寸 ＿＿＿＿＿＿＿＿（合格、不合格）。

2. 零线与尺寸公差带

图 6-9 所示为尺寸的极限偏差与公差示意图，说明了尺寸、极限偏差和公差之间的关系。

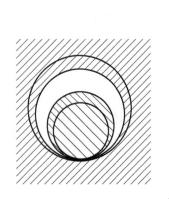
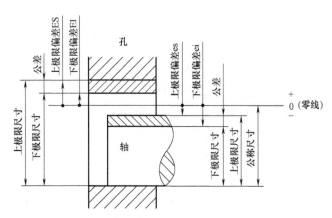

图 6-9　尺寸的极限偏差与公差示意图

（1）零线　在极限与配合示意图中，表示公称尺寸的一条直线称为零线。

以零线为基准确定偏差。正偏差位于零线上方，负偏差位于零线下方。零偏差与零线重合。

（2）公差带　在公差带示意图中，由代表上极限偏差和下极限偏差或上极限尺寸和下极限尺寸的两条直线所限定的区域称为公差带，如图6-10所示。

例6-2　绘出孔 $\phi 25^{+0.021}_{0}$ mm 和轴 $\phi 25^{-0.020}_{-0.033}$ mm 的公差带图。

解：

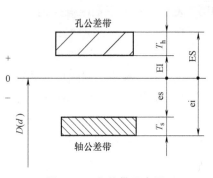

图 6-10　公差带示意图

四、配合的术语及其定义

1. 配合的定义

公称尺寸相同并且相互结合的孔和轴公差带之间的位置关系称为配合。

相互配合的孔和轴其公称尺寸应该是相同的。孔、轴公差带之间的不同位置关系，决定了孔、轴结合的松紧程度，也就是决定了孔、轴的配合性质。

2. 配合的类型

孔的尺寸减去相配合的轴的尺寸为正时是间隙，一般用 X 表示，其数值前应标 "+" 号，孔的尺寸减去相配合的轴的尺寸为负时是过盈，一般用 Y 表示，其数值前应标 "−" 号。

根据形成间隙或过盈的情况，配合分为三类，即间隙配合、过渡配合和过盈配合。

（1）间隙配合　具有间隙（包括最小间隙等于零）的配合称为间隙配合。间隙配合时，孔的公差带在轴的公差带之上，如图6-11所示。

由于孔、轴的实际尺寸允许在其公差带内变动，因而其配合的间隙也是变动的。当孔为上极限尺寸而与其相配的

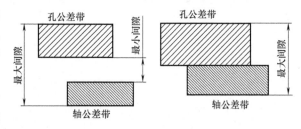

图 6-11　间隙配合

轴为下极限尺寸时，配合处于最松状态，此时的间隙称为最大间隙，用 $X_{\max}$ 表示。当孔为下极限尺寸而与其相配的轴为上极限尺寸时，配合处于最紧状态，此时的间隙称为最小间隙，用 $X_{\min}$ 表示。

即

$$X_{\max} = D_{\max} - d_{\min} = \mathrm{ES} - \mathrm{ei}$$

$$X_{\min} = D_{\min} - d_{\max} = \mathrm{EI} - \mathrm{es}$$

最大间隙与最小间隙统称为极限间隙，它们表示间隙配合中允许间隙变动的两个界限值。孔、轴装配后的实际间隙在最大间隙和最小间隙之间。

间隙配合中，当孔的下极限尺寸等于轴的上极限尺寸时，最小间隙等于零，称为零间隙。

例 6-3　$\phi25^{+0.021}_{0}$mm 孔与 $\phi25^{-0.020}_{-0.033}$mm 轴相配合，试判断配合类型。若为间隙配合，试计算其极限间隙。

解：先做出公差带图：

$$X_{\max} = D_{\max} - d_{\min} = \text{ES} - \text{ei} =$$
$$X_{\min} = D_{\min} - d_{\max} = \text{EI} - \text{es} =$$

（2）过盈配合　具有过盈（包括最小过盈等于零）的配合称为过盈配合。过盈配合时，孔的公差带在轴的公差带之下，如图 6-12 所示。

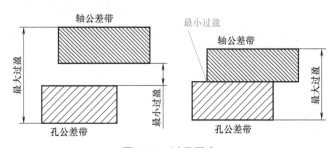

图 6-12　过盈配合

同样，由于孔、轴的实际尺寸允许在其公差带内变动，因而其配合的过盈也是变动的。当孔为下极限尺寸而与其相配的轴为上极限尺寸时，配合处于最紧状态，此时的过盈称为最大过盈，用 $Y_{\max}$ 表示。当孔为上极限尺寸而与其相配的轴为下极限尺寸时，配合处于最松状态，此时的间隙称为最小过盈，用 $Y_{\min}$ 表示。

即

$$Y_{\max} = D_{\min} - d_{\max} = \text{EI} - \text{es}$$
$$Y_{\min} = D_{\max} - d_{\min} = \text{ES} - \text{ei}$$

最大过盈和最小过盈统称为极限过盈，它们表示过盈配合中允许过盈变动的两个界限值。孔、轴装配后的实际过盈在最小过盈和最大过盈之间。

过盈配合中，当孔的上极限尺寸等于轴的下极限尺寸时，最小过盈等于零，称为零过盈。

例 6-4　$\phi30^{+0.025}_{0}$mm 孔与 $\phi30^{+0.042}_{+0.026}$mm 轴相配合，试判断配合类型，并计算其极限间隙或极限过盈。

解：先做出公差带图：

$$Y_{\max} = D_{\min} - d_{\max} = \text{EI} - \text{es} =$$
$$Y_{\min} = D_{\max} - d_{\min} = \text{ES} - \text{ei} =$$

（3）过渡配合　可能具有间隙或过盈的配合称为过渡配合。过渡配合时，孔的公差带与轴的公差带相互交叠，如图 6-13 所示。

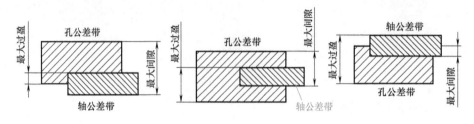

图 6-13　过渡配合

同样，由于孔、轴的实际尺寸允许在其公差带内变动，当孔的尺寸大于轴的尺寸时，具有间隙；当孔为上极限尺寸，而轴为下极限尺寸时，配合处于最松状态，此时的间隙为最大间隙。当孔的尺寸小于轴的尺寸时，具有过盈；当孔为下极限尺寸，而轴为上极限尺寸时，配合处于最紧状态，此时的过盈为最大过盈。

即

$$X_{max} = D_{max} - d_{min} = ES - ei$$
$$Y_{max} = D_{min} - d_{max} = EI - es$$

过渡配合中也可能出现孔的尺寸减轴的尺寸为零的情况。这个零值可称为零间隙，也可称为零过盈，但它不能代表过渡配合的性质特征，代表过渡配合松紧程度的特征值是最大间隙和最大过盈。

例 6-5　$\phi 50^{+0.025}_{0}$ mm 孔与 $\phi 50^{+0.018}_{+0.002}$ mm 轴相配合，试判断配合类型，并计算其极限间隙或极限过盈。

解：先做出公差带图：

$$X_{max} = ES - ei =$$
$$Y_{max} = EI - es =$$

第二部分　计划与实施

引导问题：

本学习任务是在数控铣床上完成配合件加工，那么在加工前，要做哪些准备工作？

五、生产前的准备

1. 认真阅读零件图，完成表 6-1

表 6-1 分析零件图

分析项目	分析内容
标题栏信息	零件名称： 零件材料： 毛坯规格：
零件形体	描述零件主要结构：
尺寸公差	图样上标注公差的尺寸有：
几何公差	零件有没有几何公差要求
表面粗糙度	零件加工表面粗糙度：
其他技术要求	描述零件其他技术要求：

2. 准备工、量具等

夹具：

刀具：

量具：

其他工具或辅具：

3. 填写数控加工工序卡 （表 6-2）

表 6-2 数控加工工序卡

单位 名称		数控加工工序卡				零件名称	零件图号	材 料	硬 度
工序号	工序名称	加工车间		设备名称		设备型号		夹 具	
				数控铣床					
工步号	工 步 内 容	刀具类型	刀具规格尺寸/mm	程序名	切削速度/(m/min)	主轴转速/(r/min)	进给量/(mm/r)	进给速度/(mm/min)	背吃刀量/mm	进给次数	备注
编制		审核		批准				共 页	第 页

六、编程加工配合件 1

请同学们仔细观察图 6-1，认真分析，在生成刀具路径之前，需要完成哪些二维造型？

1. 二维造型

二维造型结果如图 6-14 所示。

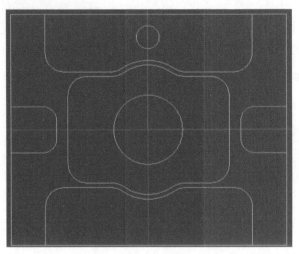

图 6-14　二维造型结果

在进行零件的加工时，需采用哪些刀具路径进行加工？

2. 加工工艺的安排

1）采用 Mastercam X6 软件自动编程加工时，需先用_____加工方法进行平面加工，再用_____加工方法加工长度_____、宽度_____的矩形一面，用_____加工方法加工内槽，用_____加工方法钻 $\phi 10mm$ 的孔。

2）工件翻面加工后，需用_____加工平面，以保证高度为_____mm 的尺寸，再用_____加工长度____、宽度____的矩形。

在进行零件的加工时，需选用哪些刀具进行加工？

3. 刀具直径及下刀方式的选择

1）如图 6-1 所示，加工五个槽需选用 ϕ_____mm 的_____刀。

2）如图 6-1 所示，在选择好刀具以后，中间槽深度为 8mm，挖槽加工的下刀方式选择_____；分____层完成加工，每层切削深度为____。槽深度为 8mm、12mm 的四个开口槽采用____方式加工。X、Y 分层切削加工，行距为_____。

4. 配合件 1 的刀具路径创建过程

（1）粗加工

1）选用默认机床，如图 6-15 所示。

2）单击"素材设置"如图 6-16 所示，在弹出的"机器群组属性"对话框（图 6-17）中设置 120mm×100mm×28mm 毛坯（此毛坯六面已精加工）。选择工件上表面中心为编程原点。

3）单击"刀具路径"→"2D 挖槽"→确定（图 6-18）→选择挖槽轮廓线（图 6-19），单击 ✓ 确定→创建 φ10mm 平底刀（图 6-20）并设置切削参数：F = 900，S = 3500，如图 6-21a 所示→确定后返回到"2D 刀具路径"对话框→设置切削参数：壁边预留量为 0.2mm，底面预留量为 0.2mm；其余参数为默认值，如图 6-21b 所示→粗加工切削方式选用"平行环切"（图 6-22）→进刀方式选用"斜插"，并选择"自动计算角度"，如图 6-23 所示→设置 Z 轴分层铣削参数（图 6-24）→设置共同参数（图 6-25）→确认后生成 2D 挖槽粗加工刀路。

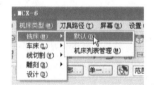

图 6-15　选用默认机床

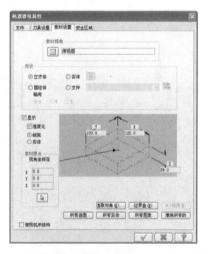

图 6-17　设置 120mm×100mm×28mm 毛坯

图 6-16　单击"素材设置"

图 6-18　确定

图 6-19　选择挖槽轮廓线

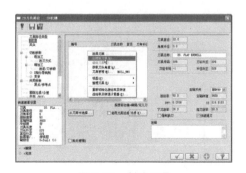

图 6-20　创建刀具

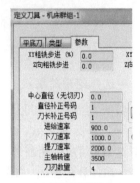

a) 切削参数设置 (一)

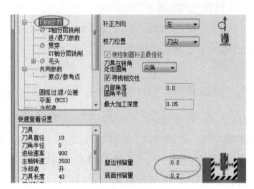
b) 切削参数设置 (二)

图 6-21 切削参数设置

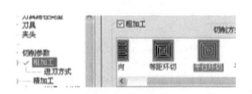

图 6-22 平行环切

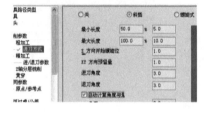

图 6-23 选用斜插进刀方式

图 6-24 Z轴分层铣削参数设置

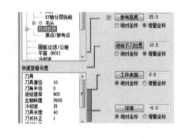

图 6-25 共同参数设置

4）加工 4 个开口槽。

① 加工 2 个大开口槽：单击"刀具路径"→"外形铣削"→选择图 6-26 所示大开口槽→设置切削参数（图 6-27）→设置 XY 轴分层铣削参数（图 6-28）→设置共同参数（图 6-29）。

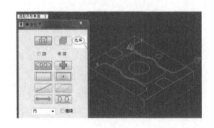

图 6-26 选择大开口槽

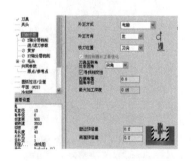

图 6-27 切削参数设置

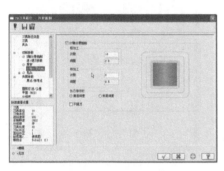

图 6-28 XY 轴分层铣削参数设置

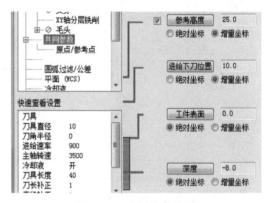

图 6-29 共同参数设置

② 加工 2 个小开口槽：单击"复制"（图 6-30）→"粘贴"（图 6-31）→选择"参数"，如图 6-32 所示→XY 轴分层铣削参数设置（图 6-33）→共同参数设置（图 6-34）→选择"图形"，如图 6-35 所示→在弹出的"串连管理"对话框的空白处右击选择"全部重新串连"（图 6-36）→选择外形轮廓（图 6-37）。

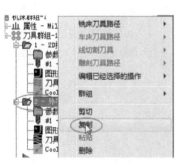

图 6-30 复制

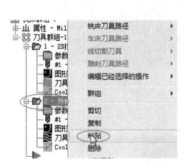

图 6-31 粘贴

图 6-32 选择"参数"

图 6-33 XY 轴分层铣削参数设置

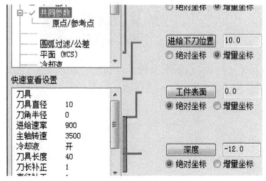

图 6-34 共同参数设置

5）2D 挖槽加工 φ30mm 孔：单击"刀具路径"→"钻孔"（图 6-38）→选择钻孔 φ30mm 圆的圆心点（图 6-39）→单击"刀具路径类型"→选择"全圆铣削"→刀具选择 φ10mm 平底刀→设置切削参数：壁边预留量为 0.2mm→粗加工设置（图 6-40）→Z 轴分层铣削参数设置（图 6-41）→共同参数设置（图 6-42）→确定后生成全圆铣削刀路（图 6-43）。

图 6-35　选择 "图形"

图 6-36　选择 "全部重新串连"

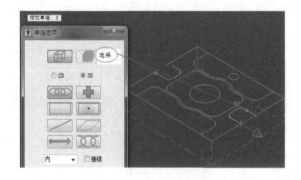

图 6-37　选择外形轮廓

图 6-38　单击 "钻孔"

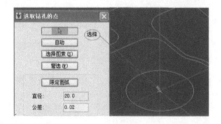

图 6-39　选择钻孔的圆心点

图 6-40　"粗加工" 设置

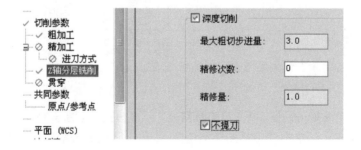

图 6-41　Z 轴分层铣削参数设置

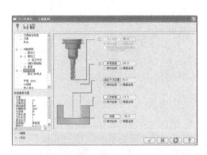

图 6-42　共同参数设置

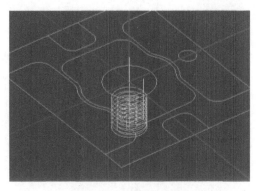

图 6-43　生成全圆铣削刀路

6）中心钻定位：单击"刀具路径"→"钻孔"（图 6-44）→选择 φ10mm 孔中心（图 6-45）→创建中心钻切削参数（图 6-46）→共同参数设置（图 6-47）→确定后生成中心钻定位刀路（图 6-48）。

图 6-44　单击"钻孔"

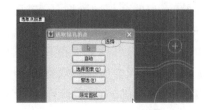

图 6-45　选择 φ10mm 孔中心

图 6-46　创建中心钻切削参数

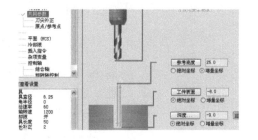

图 6-47　共同参数设置

7）钻孔刀路：与中心钻定位刀路基本相同，不同的设置在于刀尖补正（图 6-49）和共同参数设置（图 6-50）。生成钻孔刀路如图 6-51 所示。

（2）精加工

1）选择"2D 挖槽刀路"，右击后单击"复制"→在最后刀路外右击后单击"粘贴"→双

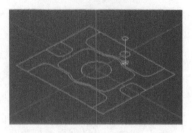

图 6-48　生成中心钻定位刀路

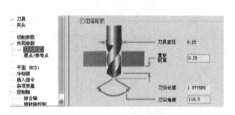

图 6-49　刀尖补正

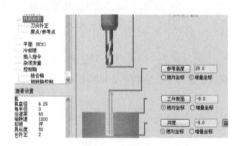

图 6-50　共同参数设置

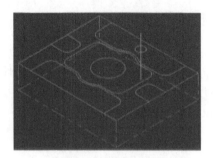

图 6-51　生成钻孔刀路

击"参数"→设置"切削参数"，底面预留量为 −0.02mm（此值应根据实际测得余量值计算所得：如用深度游标卡尺测得槽粗加工后实际深度为 7.8mm，而深度尺寸公差要求为 $8^{+0.04}_{0}$mm，将深度控制在 8.02mm，实际余量为 0.22mm，则精加工余量为 0.2mm − 0.22mm = −0.02mm）（图 6-52）→ Z 轴分层铣削不选"深度切削"（图 6-53）→其他参数设置不变→单击 重建所有已选择的操作→确定后生成内槽底面精加工刀路。

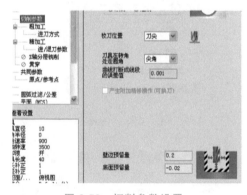

图 6-52　切削参数设置

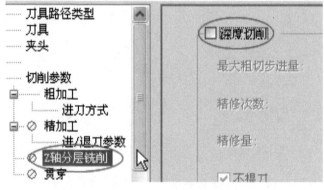

图 6-53　Z 轴分层铣削参数设置

2）创建外形加工刀路，精加工 4 个开口槽轮廓：复制、粘贴 4 个开口槽轮廓刀路→单击"切削参数"→设置加工余量（图 6-54）→设置 XY 轴分层铣削参数（图 6-55），其余参数不变→单击 🔧 按钮→确定后生成 4 个开口槽轮廓精加工刀路（图 6-56）。

图 6-54 设置加工余量

图 6-55 XY 轴分层铣削

3）精加工内槽轮廓：单击"刀具路径"→"外形铣削"→选择内槽轮廓（图 6-57）→设置"切削参数"，壁边预留量为 0.015mm（此值应根据测得薄壁实际厚度值计算所得：如测得实际值为 2.185mm，则实际余量为 0.185mm，精加工余量应为 0.2mm − 0.185mm = 0.015mm）（图 6-58）→设置"进/退刀参数"（图 6-59）→设置共同参数的深度为−8mm（图 6-60）。

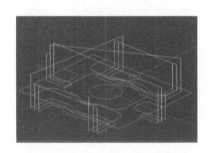

图 6-56 生成 4 个开口槽轮廓精加工刀路

图 6-57 选择内槽轮廓

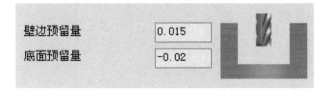

图 6-58 切削参数设置

图 6-59 进/退刀参数设置

4）ϕ30mm 孔精加工：复制、粘贴"全圆铣削"刀路→单击"切削参数"，设置加工余量（图 6-61）→勾选"粗加工"（图 6-62）→选择"贯穿"（图 6-63）→设置 Z 轴分层铣削参数（图 6-64）→设置共同参数（图 6-65）→单击 🔧 按钮→确定后生成 ϕ30mm 孔精加工刀路。

5）铰孔：铰 ϕ10mm 孔刀路与钻孔刀路相同（略）。

配合件 1 加工仿真结果如图 6-66 所示。

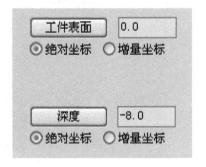

图 6-60 共同参数设置

图 6-61　设置加工余量

图 6-62　单击"粗加工"

图 6-63　选择"贯穿"

图 6-64　Z 轴分层铣削参数设置

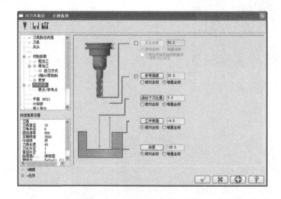

图 6-65　共同参数设置

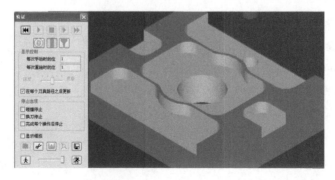

图 6-66　配合件 1 加工仿真结果

七、编程加工配合件 2

引导问题：

请同学们仔细观察图 6-2，认真分析，在生成刀具路径之前，需要完成哪些二维造型？

1. 二维造型

二维造型结果如图 6-67 所示。

引导问题：

在进行零件的加工时，需采用哪些刀具路径进行加工？

2. 加工工艺的安排

1）用 Mastercam X6 软件自动编程加工时，需先用_____加工方法进行平面加工，再用_____加工方法加工长度_____、宽度_____的矩形一面，用_____加工方法加工内槽。

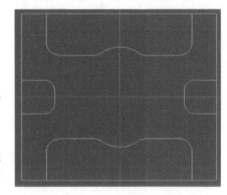

图 6-67　二维造型结果

2）工件翻面加工后，需用_____加工平面，以保证高度为_____mm 的尺寸，再用_____加工长度_____、宽度_____的矩形。

引导问题：

在进行零件的加工时，需选用哪些刀具进行加工？

3. 刀具直径及下刀方式的选择

1）如图 6-2 所示，加工五个槽需选用 ϕ_____mm 的_____刀。

2）如图 6-2 所示，在选择好刀具以后，槽深度为 8mm，加工方式选择_____；分_____层完成加工，每层切削深度_____。

4. 配合件 2 的刀具路径创建过程

（1）粗加工

1）选用默认机床，如图 6-68 所示。

2）单击"素材设置"如图 6-69 所示，在弹出的"机器群组属性"对话框（图 6-70）中设置 120mm×100mm×28mm 毛坯（此毛坯六面已精加工）。选择工件上表面中心为编程原点。

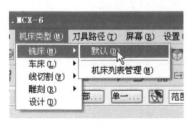

图 6-68　选择默认机床

图 6-69　单击"素材设置"

3) 单击 按钮→选择"在交点处打断"→利用窗口选择所有图线 (图 6-71)。

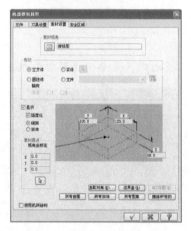

图 6-70　设置 120mm×100mm×28mm 毛坯

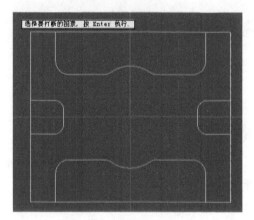

图 6-71　窗选所有图线

4) 单击"刀具路径"→"2D 挖槽"→确定 (图 6-72)→选择挖槽轮廓线 (图 6-73),单击 确定→创建 φ10mm 平底刀 (图 6-74) 并设置切削参数:F = 900,S = 3500→确定后返回到"2D 刀具路径"对话框→设置切削参数:壁边预留量为 0.2mm,底面预留量为 0.2mm;其余参数为默认值,如图 6-75 所示→粗加工切削方式选用"平行环切"(图 6-76) →进刀方式选用"斜插",并选择"自动计算角度",如图 6-77 所示→设置 Z 轴分层铣削参数 (图 6-78) →设置共同参数 (图 6-79) →在刀具路径管理器中选择"图形"(图 6-80) →在弹出的"串连管理"对话框的空白处右击选择"增加串连"(图 6-81)。

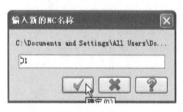

图 6-72　确定

图 6-73　选择挖槽轮廓线

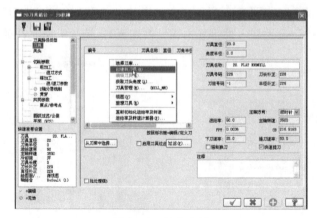

图 6-74　创建刀具

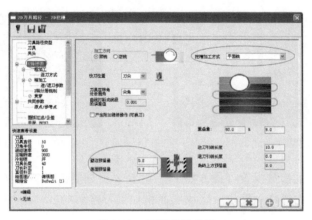

图 6-75　切削参数设置

图 6-76　平行环切

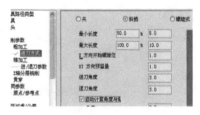

图 6-77　选用斜插进刀方式

图 6-78　Z 轴分层铣削参数设置

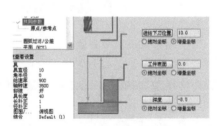

图 6-79　共同参数设置

选择增加岛屿 1（图 6-82），然后单击"确认"，采用同样方法增加岛屿 2、3、4、5（图 6-83）。单击 按钮重建所有已选择的操作，确定后生成 2D 挖槽粗加工刀路（图 6-84）。

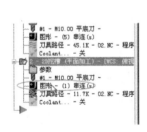

图 6-80　选择"图形"

图 6-81　选择"增加串连"

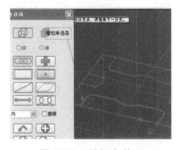

图 6-82　增加岛屿 1

（2）精加工

1）精加工底面：单击"复制"（图 6-85）→"粘贴"（图 6-86）→选择"参数"修改

图 6-83　增加岛屿 2、3、4、5

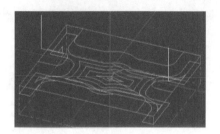

图 6-84　2D 挖槽粗加工刀路

相关精加工参数→切削参数设置（图 6-87）→设置 Z 轴分层铣削参数（图 6-88）→单击 按钮重建所有已选择的操作→确定后生成底面精加工刀路。

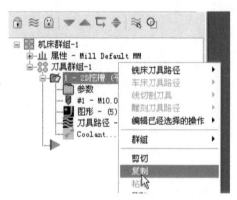

图 6-85　复制

图 6-86　粘贴

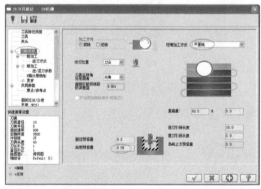

图 6-87　切削参数设置

图 6-88　Z 轴分层铣削参数设置

2）精加工轮廓：单击"刀具路径"→"外形铣削"→刀具选择 ϕ10mm 平底刀（图 6-89）→设置切削参数，壁边预留量为 -0.015mm（注：$50^{+0.04}_{0}$mm 尺寸的最后加工结果控制为 50.03mm）（图 6-90）→设置进/退刀参数（图 6-91）→设置共同参数（图 6-92）→单击"确定"→选择"图形"，在弹出的"串连管理"对话框的空白处右击选择"增加串连"（图 6-93）→选择图 6-94 所示轮廓线，单击 确定→再次在弹出的"串连管理"对话框的空白处右击选择"增加串连"→分多次重复选择图 6-95 所示轮廓线，单击 确定→单击 🔧 按钮重建所有已选择的操作→确定后生成轮廓精加工刀路（图6-96）。

图6-89 选择刀具

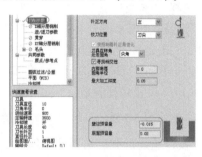

图6-90 切削参数设置

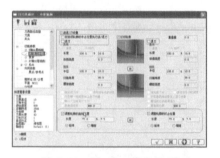

图6-91 进/退刀参数设置

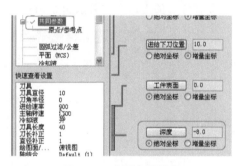

图6-92 共同参数设置

图6-93 选择"增加串连"

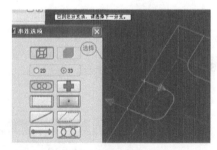

图6-94 选择轮廓线（一）

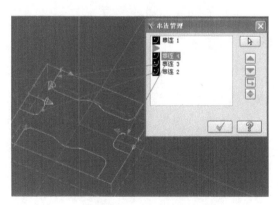

图6-95 选择轮廓线（二）

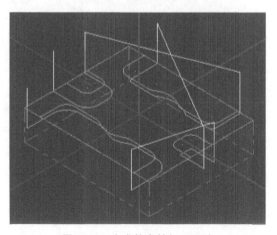

图6-96 生成轮廓精加工刀路

3）倒角加工：单击"复制"→"粘贴"→选择"参数"进入"外形铣削"参数设置对话框（图 6-97）→选择"刀具"→在空白处右击选择"创建新刀具"（图 6-98）→创建 φ10mm 倒角刀，设置其参数（图 6-99）→设置切削参数（图 6-100）→设置共同参数（图 6-101）→单击 ✔ 确定→单击 🔧 按钮重建所有已选择的操作→生成倒角加工刀路（图 6-102）。

配合件 2 加工仿真结果如图 6-103 所示。

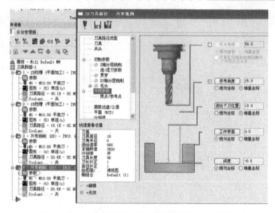

图 6-97 "外形铣削"参数设置对话框

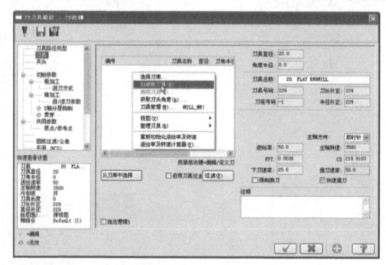

图 6-98 创建新刀具

图 6-99 倒角刀参数设置

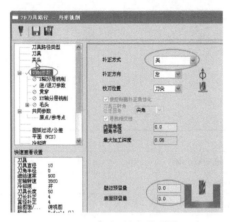

图 6-100 切削参数设置

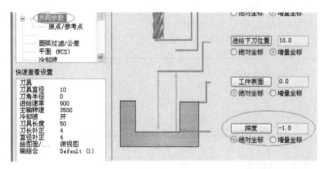

图 6-101 共同参数设置

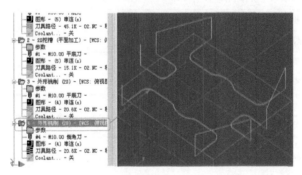

图 6-102 生成倒角加工刀路

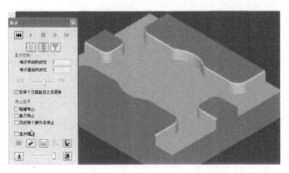

图 6-103 配合件 2 加工仿真结果

第三部分　评价与反馈

八、自我评价（表 6-3）

表 6-3　自我评价

序号	评价项目	是	否
1	是否能分析出零件的正确形体		
2	前置作业是否全部完成		
3	是否完成小组分配的任务		
4	是否认为自己在小组中不可或缺		
5	是否严格遵守课堂纪律		
6	在本次学习任务执行过程中，是否主动帮助同学		
7	对自己的表现是否满意		

九、小组评价（表 6-4）

表 6-4　小组评价

序号	评价项目	评价
1	团队合作意识，注重沟通	
2	能自主学习及相互协作，尊重他人	
3	学习态度积极主动，能参加安排的活动	
4	能正确地领会他人提出的学习问题	
5	遵守学习场所的规章制度	
6	具有工作岗位的责任心	
7	主动学习	
8	能正确对待肯定和否定的意见	
9	团队学习中的主动与合作意识	
评价人：		年　月　日

十、教师评价（表 6-5）

表 6-5　教师评价

序号	评价项目	教师评价			
		优	良	中	差
1	按时上、下课，遵守课堂纪律				
2	着装符合要求				
3	学习的主动性和独立性				
4	工、量、辅具及刀具使用规范，机床操作规范				

（续）

序号	评价项目	教师评价			
		优	良	中	差
5	主动参与工作现场的 6S 工作				
6	工作页填写完整				
7	与小组成员积极沟通并协助其他成员共同完成学习任务				
8	会快速查阅各种手册等资料				
9	教师综合评价				

模块四　企业生产典型实例

任务七

侧切刀块加工

学习目标

通过对侧切刀块这一学习任务的学习，学生能：

1. 掌握 FANUC 系统的基本操作。
2. 掌握 FANUC 系统的对刀方法。
3. 根据侧切刀块零件图进行加工工艺分析。
4. 利用 UG 软件进行编程。
5. 掌握精度控制的方法。
6. 掌握机床的维护和保养。

建议学时

6 学时。

学习任务描述

该零件为半成品件，毛坯是尺寸为 107mm×91mm×68mm 的方料，孔已经在某五金有限公司钻床上进行加工，目前的主要任务是加工外形，并控制面 1~3 的精度。安装时，用螺栓将毛坯固定在垫板上。工件坐标系原点设置在工件右下角，以方便对刀和减少误差。

侧切刀块三维模型图和零件图分别如图 7-1 和图 7-2 所示。

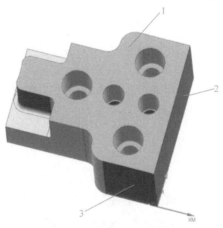

图 7-1 侧切刀块三维模型

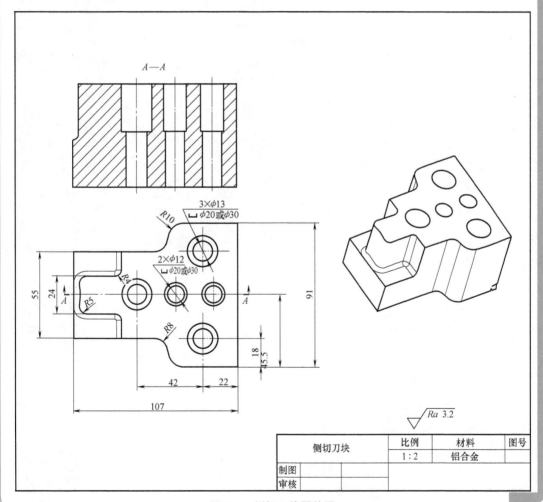

图 7-2 侧切刀块零件图

第一部分　学 习 准 备

引导问题：

　　FANUC 系统性能稳定，操作界面友好，该系统各系列的总体结构非常相似，具有基本统一的操作界面。那么，它是如何操作的？

一、硬件部分

1. 开机

　　逆时针方向旋转旋钮，打开机床"电源"按钮，打开机床"急停"按钮，再按"复位"键，机床被激活并可以进行操作。FANUC 系统操作面板如图 7-3 所示。

2. 安装刀具

　　1）选择"MDI 输入"模式，打开界面，输入转速程序"M6 T1"后按，再按"输入"键，然后按"运行"键，使主轴刀具处于 1 号刀位置。

　　2）安装刀具，将 1 号刀放到主轴上，然后松开锁刀按钮，1 号刀即被锁紧。

3. 主轴正转

　　选择"MDI 输入"模式，打开界面，输入转速程序 M3 S450 后按，再按"输入"键运行程序。

图 7-3　FANUC 系统操作面板

4. 对刀

　　1）用分中棒碰工件左边，打开界面，按"工件坐标系"键，输入"X-5"，按"测量"键，如图 7-4 所示，即可对 X 轴，如图 7-5 所示。

　　2）用分中棒碰工件前面，打开界面，按"工件坐标系"键，输入"Y-5"，按"测量"键，即可对 Y 轴。

　　3）拆分中棒，安装 1 号刀，用旋转的刀具轻碰工件上表面，打开界面，按"工件坐标系"键，输入"Z0"，按"测量"键，即可对 Z 轴。

5. 输入程序

　　1）选择"DNC 连线"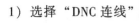模式。

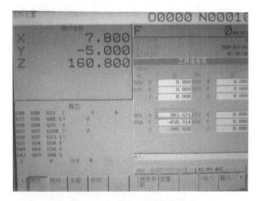

图 7-4　实际位置界面

图 7-5　对 X 轴

2）在计算机上打开 CIMCOEdit5 软件，将加工程序导入该软件中，也可以在软件中进行程序编辑，单击"机床通信"→"发送"，如图 7-6 所示。

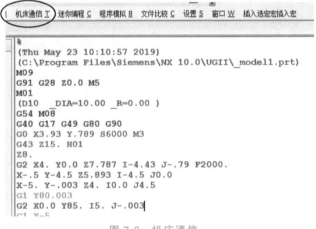

图 7-6　机床通信

3）在机床上将进给倍率开关调到 0%，然后按"程序启动"按钮，适当调节进给倍率后开始加工工件。

6. 机床维护与保养

1）保持机床环境清洁，不要让碎屑堆积。

2）注意机床系统润滑，及时给主轴和导轨加注润滑油。

3）不得随意更改机床内部参数和传输软件参数。

4）每天检查机床是否有漏气、漏油、漏水现象并及时报修。

5）注意加工中机床是否有异响。

6）每天操作结束后，及时清洁机床。

引导问题：

目前，UG 是德国西门子公司开发的一套集 CAD、CAM、CAE 功能于一体的三维参数化软件，可用于航空、航天、汽车、轮船、通用机械和电子等工业领域。那么，它是怎样操作的？

二、软件编程部分

在机械加工中，零件加工一般都要经过多道工序。工序安排得是否合理对加工零件的质量有较大的影响，因此，在加工前需要根据零件的特征制订好加工工序。

下面以侧切刀块为例，介绍多工序铣削的加工方法，其加工工艺路线如图7-7所示。

1. 打开模型文件进入加工环境

1）打开企业发送过来的模型文件 254. prt。

2）进入加工环境。选择下拉菜单 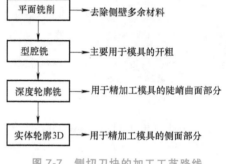 命令，系统弹出"加工环境"对话框，选择默认设置，单击"确定"按钮，进入加工环境，如图7-8所示。

图 7-7 侧切刀块的加工工艺路线

图 7-8 "加工环境"对话框

图 7-9 "MCS 铣削"对话框

2. 创建几何体

1）设定加工坐标系。将工序导航器调整到"几何视图"，双击 MCS_MILL 后系统弹出"MCS 铣削"对话框，如图 7-9 所示，单击"机床坐标系"中的 按钮，系统弹出"CSYS"对话框，按照图 7-10 所示参数设置完成坐标系的创建。

2）创建安全平面。在安全设置区域的"安全设置"选项下拉列表中选择"刨"选项，然后单击工件上表面，在弹出的"距离"对话框中输入"10"，单击"确定"按钮，完成安全平面的创建，如图 7-11 所示。

3）创建部件几何体。在工序导航器中双击 MCS_MILL 下的 WORKPIECE，系统弹出"工件"对话框。在"工件"对话框中单击 按钮，系统弹出"部件几何体"对

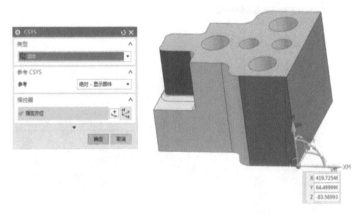

图 7-10　创建坐标系

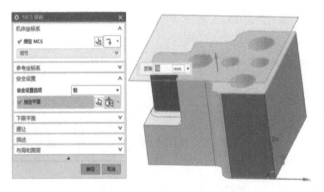

图 7-11　创建安全平面

话框，选择整个工件，然后单击 确定 按钮，完成部件几何体的创建。

4）创建毛坯几何体。在"工件"对话框中单击"指定毛坯"右边按钮 ⊕，系统弹出"毛坯几何体"对话框，在"ZM+"右边输入"3"，然后单击 确定 按钮，完成毛坯几何体的创建。

3. 创建刀具

将工序导航器调整到"机床视图"，单击 按钮，系统弹出"创建刀具"对话框，"类型"选择默认设置，刀具子类型选择"MILL"按钮 ，在"名称"文本框中输入"T1D21R0.8"，然后单击"确定"按钮，弹出"铣刀-5 参数"对话框；在"（D）直径"文本框中输入"21"，在"（R1）下半径"文本框中输入"0.8"，在"编号"栏的"刀具号""补偿寄存器"和"刀具补偿寄存器"文本框中均输入"1"，其他参数采用系统默认的设置值，单击 确定 按钮完成刀具的创建，如图 7-12 所示。同样完成其他刀具"T2D16""T3D8"的创建。

4. 创建平面铣操作

1）将工序导航器调整到"程序顺序视图"，选择下拉菜单 插入(S) → 工序① 命令，在弹出的"创建工序"对话框的"类型"下拉列表中选择"mill_planar"选项，在"工序子

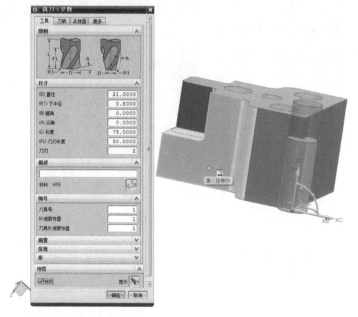

图 7-12 创建刀具

类型"区域中单击"平面铣"按钮 ，在"刀具"下拉列表中选择前面设置的刀具 "T2D16（铣刀-5参数）"选项，其他参数为默认设置，单击"确定"按钮，系统弹出"平面铣"对话框。

2）指定部件边界。在"平面铣"对话框的"几何体"区域中单击 按钮，系统弹出 "边界几何体"对话框，在"模式"右边下拉列表选择"曲线/边"，系统弹出"创建边界"对话框（图 7-13a），"类型"选择"开放的"，"刨"选择"用户定义"，然后单击工件上表面，距离设为"0"，单击"确定"按钮返回"创建边界"对话框；"材料侧"选择"左"，选择图 7-13b 所示的边，单击"创建下一个边界"按钮，"材料侧"选择"右"（图 7-14a），选择图 7-14b 所示的边，单击"确定"按钮返回"边界几何体"对话框，继续单击"确定"按钮，返回"平面铣"对话框，完成指定部件边界的创建。

a)

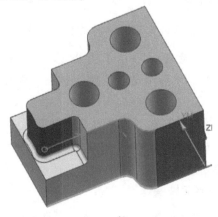

b)

图 7-13 创建切削边界（一）

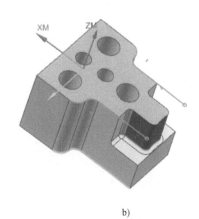

a)   b)

图 7-14 创建切削边界（二）

3）指定底面。在"平面铣"对话框中单击"指定底面"右边按钮，弹出"刨"对话框，单击工件下表面，单击"确定"按钮，完成底面的指定。

4）设置刀轨。在"平面铣"刀轨设置下的"切削模式"区域中选择 轮廓 ，单击"切削层"右边按钮 ，弹出"切削层"对话框，将"每刀切削深度"设置为"1"，单击"确定"按钮，返回"刀轨设置"。

5）设置切削参数。单击"切削参数"右边按钮 ，系统弹出"切削参数"对话框，单击"策略"页，"切削顺序"选择"深度优先"；单击"拐角"页，将"凸角"设置为"延伸"，单击"确定"按钮，完成切削参数的设置。

6）设置非切削移动参数。单击"非切削移动"右边按钮 ，系统弹出"非切削移动"对话框，在"进刀"页下"封闭区域"中"进刀类型"选择"与开放区域相同"，"开放区域"中"进刀类型"选择"线性"，长度设为60%，最小安全距离为0，如图7-15所示；单击"转移/快速"页，将"区域之间"的"转移类型"改为"前一平面"，安全距离设为1mm，将"区域内"的"转移类型"改为"前一平面"，安全距离设为0.5mm，如图7-16所示，单击"确定"按钮，完成非切削移动参数的设置。

7）设置进给和转速。单击"进给和转速"右边按钮 ，系统弹出"进给和转速"对话框，切削速度设为2000mm/min，主轴转速设为4000r/min，并单击"主轴转速"旁边按钮 ，然后单击"确定"按钮返回对话框。

8）生成刀具轨迹并仿真。单击"生成"按钮 ，得到如图7-17所示刀具轨迹，单击 按钮，弹出刀具轨迹可视化窗口，单击"3D动态"选项卡，再单击"播放"按钮 ，得到如图7-18所示3D仿真效果。

5. 创建型腔铣操作

1）右击 WORKPIECE 按钮，选择下拉菜单 插入(S) → 工序 命令，在弹出的"创建工序"对话框的"类型"下拉列表中选择"mill_contour"选项，在"工序子类型"

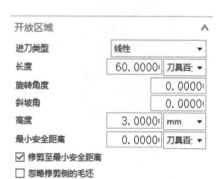

图 7-15　进刀开放区域设置

图 7-16　转移/快速设置

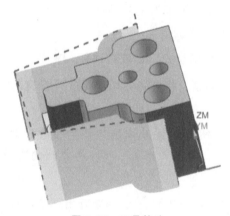

图 7-17　刀具轨迹

图 7-18　3D 仿真效果

区域中单击"型腔铣"按钮 ，在"刀具"下拉列表中选择前面设置的刀具"T1D21R0.8（铣刀-5 参数）"选项，其他参数为默认设置，单击"确定"按钮，系统弹出"型腔铣"对话框。

2）指定切削区域。单击"指定切削区域"右边按钮 ，系统弹出"切削区域"对话框，选择图 7-19 所示的面（共 11 个）为切削区域，然后单击"确定"按钮，返回"型腔铣"对话框。

3）设置刀轨。"切削模式"选择"跟随部件"，"步距"选择"刀具平直百分比"，"平面直径百分比"设为 50%，"公共每刀切削深度"选择"恒定"，"最大距离"设为 1mm，如图 7-20 所示。

4）设置切削参数。单击"切削参数"右边按钮 ，系统弹出"切削参数"对话框，单击"策略"页，"切削方向"选择"顺铣"，"切削顺序"选择"深度优先"，如图 7-21 所示；单击"余量"页，"部件侧面余量"输入"0.3"，其余参数为默认设置，单击"确定"按钮，完成切削参数的设置。

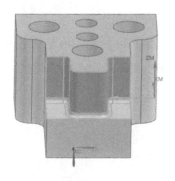

图 7-19　指定切削区域

图 7-20　设置刀轨

5）设置非切削移动参数。单击"非切削移动"右边按钮 [图标]，系统弹出"非切削移动"对话框，在"进刀"页下"封闭区域"中"进刀类型"选择"与开放区域相同"，"开放区域"中"进刀类型"选择"线性"，长度设为60%，最小安全距离为0，如图7-22所示；单击"转移/快速"页，将"区域之间"的"转移类型"改为"前一平面"，安全距离设为1mm，将"区域内"的"转移类型"改为"前一平面"，安全距离设为1mm，如图7-23所示，单击"确定"按钮，完成非切削移动参数的设置。

图 7-21　切削参数设置

图 7-22　进刀设置

6）设置进给和转速。单击"进给和转速"右边按钮 [图标]，系统弹出"进给和转速"对话框，切削速度设为2000mm/min，主轴转速设为4000r/min，并单击"主轴转速"旁边按

钮 ，然后单击"确定"按钮返回对话框。

7）生成刀具轨迹并仿真。单击"生成" 按钮，得到如图 7-24 所示刀具轨迹，单击 按钮，弹出刀具轨迹可视化窗口，单击"3D 动态"选项卡，再单击"播放"按钮 ，得到如图 7-25 所示 3D 仿真效果。

图 7-23　转移/快速设置

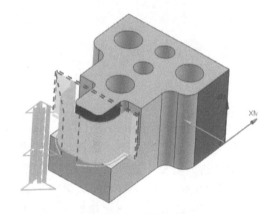

图 7-24　刀具轨迹

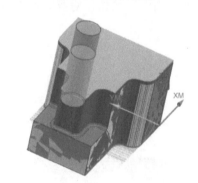

图 7-25　3D 仿真效果

6. 创建深度轮廓加工操作

1）右击 WORKPIECE 按钮，选择下拉菜单 插入(S) → 工序 命令，在弹出的"创建工序"对话框的"类型"下拉列表中选择"mill_contour"选项，在"工序子类型"区域中单击"深度轮廓加工"按钮 ，在"刀具"下拉列表中选择前面设置的刀具"T3D8（铣刀-5 参数）"选项，其他参数为默认设置，单击"确定"按钮，系统弹出"深度轮廓加工"对话框。

2）指定切削区域。单击"指定切削区域"右边按钮 ，系统弹出"切削区域"对话框，选择图 7-26 所示的面（共 10 个）为切削区域，然后单击"确定"按钮，返回"深度轮廓加工"对话框。

3）指定检查。单击"指定检查"右边按钮 ，指定图 7-27 所示检查体，然后单击"确定"按钮，返回"深度轮廓加工"对话框。

4）设置刀轨。"陡峭空间范围"选择"无"，"合并距离"输入"3"，"最小切削长度"

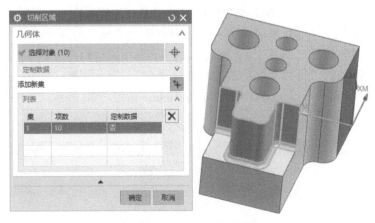

图 7-26 指定切削区域

输入"1","公共每刀切削深度"选择"恒定","最大距离"输入"0.3",如图 7-28 所示。

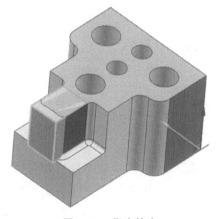

图 7-27 指定检查

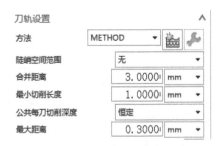

图 7-28 设置刀轨

5)设置切削参数。单击"切削参数"右边按钮 ,系统弹出"切削参数"对话框,单击"策略"页,"切削方向"选择"混合","切削顺序"选择"始终深度优先";单击"连接"页,"层到层"选择"直接对部件进刀";单击"余量"页,"部件侧面余量"输入"0.3",其余参数为默认设置,如图 7-29 所示,单击"确定"按钮,完成切削参数的设置。

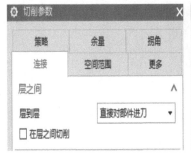
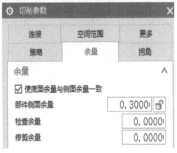

图 7-29 切削参数设置

6）设置非切削移动参数。单击"非切削移动"右边按钮 ，系统弹出"非切削移动"对话框，在"进刀"页下"封闭区域"中"进刀类型"选择"与开放区域相同"，"开放区域"中"进刀类型"选择"线性"，长度设为60%，最小安全距离为0；单击"转移/快速"页，将"区域之间"的"转移类型"改为"前一平面"，安全距离设为1mm，"区域内"的"转移类型"改为"前一平面"，安全距离设为1mm，如图7-30所示，单击"确定"按钮，完成非切削移动参数的设置。

图7-30　非切削移动参数设置

7）设置进给和转速。单击"进给和转速"右边按钮，系统弹出"进给和转速"对话框，切削速度设为2000mm/min，主轴转速设为4000r/min，并单击"主轴转速"旁边按钮，然后单击"确定"按钮返回对话框。

8）生成刀具轨迹并仿真。单击"生成"按钮，得到如图7-31所示刀具轨迹，单击按钮，弹出刀具轨迹可视化窗口，单击"3D动态"选项卡，再单击"播放"按钮 ▶ ，得到如图7-32所示3D仿真效果。

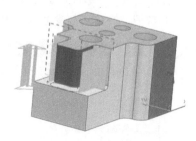

图7-31　刀具轨迹　　　　　　　　　　　图7-32　3D仿真效果

7. 创建实体轮廓3D操作

1）右击 WORKPIECE 按钮，选择下拉菜单 插入(S) → 工序 命令，在弹出的

"创建工序"对话框的"类型"下拉列表中选择"mill_contour"选项，在"工序子类型"区域中单击"实体轮廓 3D"按钮，在"刀具"下拉列表中选择前面设置的刀具"T3D8（铣刀-5 参数）"选项，其他参数为默认设置，单击"确定"按钮，系统弹出"实体轮廓 3D"对话框。

2）指定壁。单击"指定壁"右边按钮，系统弹出"壁几何体"对话框，选择图 7-33 所示的面（共 5 个）为壁，然后单击"确定"按钮，返回"实体轮廓 3D"对话框。

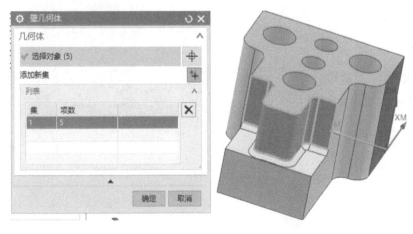

图 7-33　指定壁

3）设置切削参数。单击"切削参数"右边按钮，系统弹出"切削参数"对话框，单击"余量"页，"部件余量"输入"0"，其余参数为默认设置，如图 7-34 所示，单击"确定"按钮，完成切削参数的设置。

4）设置进给和转速。单击"进给和转速"右边按钮，系统弹出"进给和转速"对话框，切削速度设为 2000mm/min，主轴转速设为 4000r/min，并单击"主轴转速"旁边按钮，然后单击"确定"按钮返回对话框。

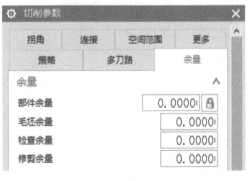

图 7-34　切削参数设置

5）生成刀具轨迹并仿真。单击"生成"按钮，得到如图 7-35 所示刀具轨迹，单击按钮，弹出刀具轨迹可视化窗口，单击"3D 动态"选项卡，再单击"播放"按钮，得到如图 7-36 所示 3D 仿真效果。

8. 生成加工程序

右击 PLANAR_MILL 按钮，单击下拉菜单中的"后处理"按钮，系统弹出"后处理"对话框，单击"浏览查找输出文件"右边按钮，找到已经安装好的后处理文件保存位置，单击"OK"按钮，如图 7-37 所示，然后单击"确定"按钮，生成加工程序。

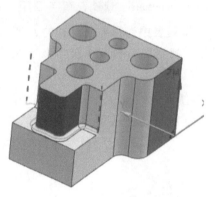

图 7-35 刀具轨迹

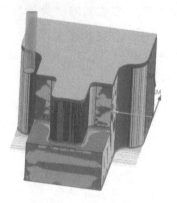

图 7-36 3D 仿真效果

图 7-37 选择后处理文件

第二部分 计划与实施

本学习任务是在加工中心上完成侧切刀块加工,那么在加工前,要做哪些准备工作?

三、生产前的准备

1. 认真阅读零件图,完成表 7-1

表 7-1 分析零件图

项　　目	分析内容
标题栏信息	零件名称: 零件材料: 毛坯规格:

（续）

项　目	分析内容
零件形体	描述零件主要结构：
表面粗糙度	零件加工表面粗糙度：
其他技术要求	描述零件其他技术要求：

2. 准备工、量具等

夹具：

刀具：

量具：

其他工具或辅具：

3. 填写数控加工工序卡（表7-2）

表7-2　数控加工工序卡

单位名称	数控加工工序卡					零件名称	零件图号	材　料	硬　度
工序号	工序名称	加工车间		设备名称	设备型号		夹　具		
				加工中心					

工步号	工 步 内 容	刀具类型	刀具规格尺寸/mm	程序名	切削速度/(m/min)	主轴转速/(r/min)	进给量/(mm/r)	进给速度/(mm/min)	背吃刀量/mm	进给次数	备注
编制		审核		批准			共　页		第　页		

注：1. 切削速度与主轴转速任选一个进行填写。

　　2. 进给量与进给速度任选一个进行填写。

引导问题：

按照怎样的步骤才能加工出合格零件？

四、在加工中心上完成零件加工

按下列操作步骤，分步完成零件加工，并记录操作过程。

1. 开机（表7-3）

表7-3 操作过程

操作步骤	操作内容	过程记录
1	打开外部电源开关	
2	打开机床电气柜总开关	
3	按下操作面板上的白色"电源"按钮	
4	等待系统进入待机界面后,打开"紧急停止"按钮	
5	按"复位"键，机床被激活并可以进行操作	

2. 装夹毛坯

首先将垫板吹干净，用螺栓将毛坯固定在垫板上，要在 X 或者 Y 方向进行打表，然后再锁紧。

3. 选择刀具和装夹刀具（表7-4）

表7-4 操作过程

操作步骤	操作内容	过程记录
1	根据加工要求,选择刀具	
2	选择相关弹簧夹套,将刀具装到刀柄上并锁紧	
3	在快速模式下,将刀具放入主轴锥孔内(注意保持主轴锥孔及刀柄的清洁),使主轴矩形凸起部分正好卡入刀柄矩形缺口处,这时松开锁刀按钮,刀具即被主轴拉紧	

4. 在 MDI 状态起动主轴（表7-5）

表7-5 操作过程

操作步骤	操作内容	过程记录
1	在 MDI 模式下,按"程序"按钮进入程序界面	
2	输入"M3 S450"后,按，再按"输入"键	
3	按"循环启动"按钮,主轴正转起动	

5. 使用对 *X*、*Y* 轴（表 7-6）

表 7-6 操作过程

操作步骤	操作内容	过程记录
1	在手轮模式下，使分中棒靠近毛坯右侧	
2	通过调节进给倍率来调整进给速度，注意分中棒的位置，以防止撞坏分中棒	
3	选择 *X* 轴，选择"×100"倍率，旋转手轮，使分中棒进一步靠近毛坯，然后选择"×10"倍率，沿顺时针方向分步一格一格地旋转手轮，当分中棒碰到工件时停止	
4	在 界面，选择相对坐标，输入"X-5"，按"测量"按钮	
5	选择 *Y* 轴，选择"×100"倍率，沿顺时针方向旋转手轮，使分中棒靠近毛坯前面	
6	当分中棒碰到工件时停止，在 界面，选择相对坐标，输入"Y-5"，按"测量"按钮	

6. 使用刀具对 *Z* 轴（表 7-7）

表 7-7 操作过程

操作步骤	操作内容	过程记录
1	转换到快速模式，拆掉分中棒，装铣刀"T1D21R0.8"	
2	选择 *Z* 轴，选择"×100"倍率，旋转手轮，下刀至低于毛坯上表面约 10mm 的位置	
3	选择"×10"倍率，旋转手轮，移动刀具靠近毛坯，当刀具与毛坯之间不能通过"D10"的铣刀时，选择"×1"倍率，抬起刀具。抬刀时每抬一格，用"D10"的铣刀在工件与"D21"铣刀之间划一下，直到能顺利通过为止	
4	在 界面，选择相对坐标，输入"Z0"，按"测量"按钮	
5	将刀具抬至安全高度，主轴停止转动，完成对刀操作	

7. 录入并校验程序（表 7-8）

表 7-8 操作过程

操作步骤	操作内容	过程记录
1	在 MDI 模式下，选择 翻到程序界面	
2	输入"G54 X0 Y0 Z20"后按 键，再按"输入"键 ，将进给倍率开关旋到 0% 的位置，然后运行	
3	调整合适的进给倍率，使刀具慢慢接近设定的坐标，观察对刀是否正确	

8. 自动运行，完成加工（表 7-9）

表 7-9 操作过程

操作步骤	操作内容	过程记录
1	选择"DNC 连线"模式	
2	将进给倍率开关旋到 0% 的位置	
3	在计算机上打开 CIMCOEdit5 软件，将加工程序导入该软件中，单击"机床通信"→"发送"按钮	

（续）

操作步骤	操作内容	过程记录
4	在机床上按"运行"按钮	
5	将进给倍率开关调整到合适倍率,进行切削加工	
6	完成加工	

9. 清理机床，整理工、量、辅具等 （表7-10）

表 7-10　操作过程

操作步骤	操作内容	过程记录
1	从机床上将刀柄卸下来(与装刀顺序相反),注意保护刀具不要让其从主轴上掉下来,对于较重刀具或力量不够的同学要请其他同学帮助保护	
2	将刀具从刀柄上卸下来	
3	将机床 Z 轴手动返回参考点,移动 X、Y 轴使工作台处于床身中间位置	
4	清理机用虎钳和工作台上的切屑	
5	用抹布擦拭机床外表面、操作面板、工作台、工具柜等	
6	整理工、量、辅具及刀具等,需要归还的工具应及时归还	
7	按要求清理工作场地,填写交接班表格等	

第三部分　评价与反馈

五、自我评价 （表7-11）

表 7-11　自我评价

序号	评价项目	是	否
1	是否能分析出零件的正确形体		
2	前置作业是否全部完成		
3	是否完成小组分配的任务		
4	是否认为自己在小组中不可或缺		
5	是否严格遵守课堂纪律		
6	在本次学习任务执行过程中,是否主动帮助同学		
7	对自己的表现是否满意		

六、小组评价 （表7-12）

表 7-12　小组评价

序号	评价项目	评价
1	团队合作意识,注重沟通	
2	能自主学习及相互协作,尊重他人	
3	学习态度积极主动,能参加安排的活动	

（续）

序号	评价项目	评 价
4	能正确地领会他人提出的学习问题	
5	遵守学习场所的规章制度	
6	具有工作岗位的责任心	
7	主动学习	
8	能正确对待肯定和否定的意见	
9	团队学习中的主动与合作意识	

评价人：　　　　　　　　　　　　　　　　　　　　　　　年　　月　　日

七、教师评价（表7-13）

表7-13　教师评价

序号	项　　目	教师评价			
		优	良	中	差
1	按时上课，遵守课堂纪律				
2	着装符合要求				
3	学习的主动性和独立性				
4	工、量、辅具及刀具使用规范，机床操作规范				
5	主动参与工作现场的6S工作				
6	工作页填写完整				
7	与小组成员积极沟通并协助其他成员共同完成学习任务				
8	会快速查阅各种手册等资料				
9	教师综合评价				

任务八

侧剪刀块加工

学习目标

通过对侧剪刀块这一学习任务的学习，学生能：

1. 根据侧剪刀块零件图进行加工工艺分析。
2. 利用 UG 软件进行编程。
3. 掌握刀库对刀的方法。
4. 掌握机床的维护和保养方法。

建议学时

6 学时。

学习任务描述

　　该零件为半成品件，毛坯是尺寸为 110mm×108mm×93mm 的方料，孔已经加工好，目前的主要任务是加工外形，并控制所有面的精度。

　　侧剪刀块三维模型图和零件图分别如图 8-1 和图 8-2 所示。

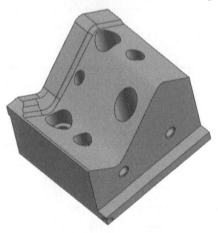

图 8-1　侧剪刀块三维模型图

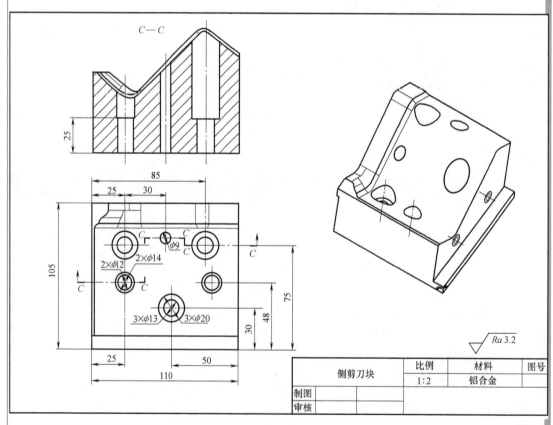

图 8-2　侧剪刀块零件图

第一部分　学习准备

引导问题：

前面加工的工件只需要一次装夹，如果工件要进行二次装夹，在编程方面应如何进行处理？

一、编程部分

在机械加工中，零件加工一般都要经过多道工序。工序安排得是否合理对加工零件的质量有较大的影响，因此在加工前需要根据零件的特征制订好加工工序。

下面以侧剪刀块为例，介绍多工序铣削的加工方法，其加工工艺路线如图 8-3 所示。

1. 打开模型文件进入加工环境

1）打开企业发送过来的模型文件 453.prt，因为孔已经加工好，所以下面要对模型进行相应的处理，如图 8-4 所示。

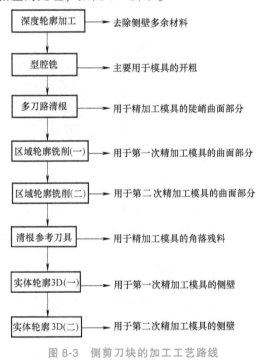

图 8-3　侧剪刀块的加工工艺路线

图 8-4　补孔和建毛坯

2）进入加工环境。选择下拉菜单 [图标] 启动▾ → [图标] 加工(R) 命令，系统弹出"加工环境"对话框，选择默认设置，单击"确定"按钮，进入加工环境，如图 8-5 所示。

2. 创建几何体

1）设定加工坐标系。将工序导航器调整到"几何视图"，双击 [图标] MCS_MILL 后系统弹出"MCS 铣削"对话框，如图 8-6 所示，单击"机床坐标系"中的 [图标] 按钮，系统弹出"CSYS"对话框，按照图 8-7a 和图 8-8a 所示参数设置完成坐标系的创建。

图 8-5 "加工环境"对话框

图 8-6 "MCS 铣削"对话框

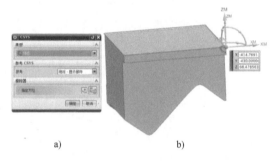

a)   b)

图 8-7 A 坐标系的创建

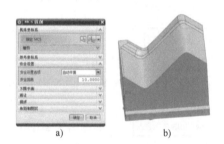

a)   b)

图 8-8 B 坐标系的创建

2）创建安全平面。在安全设置区域的"安全设置"选项下拉列表中选择"刨"选项，然后单击工件上表面，在弹出的"距离"对话框中输入"10"，单击"确定"按钮，完成安全平面的创建。

3）创建部件几何体。在工序导航器中双击 MCS_MILL 下的 WORKPIECE，系统弹出"工件"对话框。在"工件"对话框中单击 按钮，系统弹出"部件几何体"对话框，选择整个工件，然后单击 确定 按钮，完成部件几何体的创建。

4）创建毛坯几何体。在"工件"对话框中单击"指定毛坯"右边按钮 ，系统弹出"毛坯几何体"对话框，在"类型"下拉菜单中选择"几何体"，单击创建的毛坯，然后单击 确定 按钮，完成毛坯几何体的创建。

3. 创建刀具

将工序导航器调整到"机床视图"，单击 按钮，系统弹出"创建刀具"对话框，"类型"选择默认设置，刀具子类型选择"MILL"按钮 ，在"名称"文本框中输入"T1D21R0.8"，然后单击"确定"按钮，弹出"铣刀-5 参数"对话框；在"（D）直径"文本框中输入"21"，在"（R1）下半径"文本框中输入"0.8"，在"编号"栏的"刀具号""补偿寄存器"和"刀具补偿寄存器"文本框中均输入"1",其他参数采用系统默认的设置值,单击 确定 按钮完成刀具的创建,如图 8-9 所示。同样完成其他刀具"T2D20R10""T4D8R4"和"T4D16"的创建。

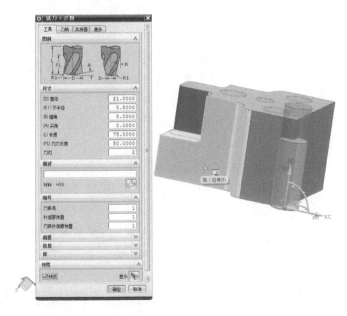

图 8-9　创建刀具

4. 创建深度轮廓加工操作

1)右击 WORKPIECE 按钮,选择下拉菜单 插入(S) → 工序 命令,在弹出的"创建工序"对话框的"类型"下拉列表中选择"mill_contour"选项,在"工序子类型"区域中单击"深度轮廓加工"按钮,在"刀具"下拉列表中选择前面设置的刀具"T1D21R0.8(铣刀-5 参数)"选项,其他参数为默认设置,单击"确定"按钮,系统弹出"深度轮廓加工"对话框。

2)指定切削区域。单击"指定切削区域"右边按钮,系统弹出"切削区域"对话框,选择图 8-10 所示的面(共 1 个)为切削区域,然后单击"确定"按钮,返回"深度轮廓加工"对话框。

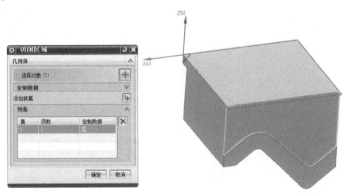

图 8-10　指定切削区域

3）设置刀轨，将"陡峭空间范围"选择"无"，"合并距离"输入"3"，"最小切削长度"输入"1""公共每刀切削深度"选择"恒定"，"最大距离"输入"1"，如图 8-11 所示。

4）设置切削参数。单击"切削参数"右边按钮，系统弹出"切削参数"对话框，单击"策略"页，"切削方向"选择"混合"，"切削顺序"选择"始终深度优先"；单击"连接"页，"层到层"选择"直接对部件进刀"；单击"余量"页，"部件侧面余量"输入"0.5"，其余参数为默认设置，如图 8-12 所示，单击"确定"按钮，完成切削参数的设置。

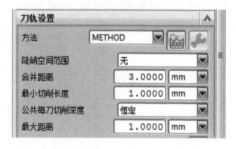

图 8-11　设置刀轨

5）设置非切削移动参数。单击"非切削移动"右边按钮，系统弹出"非切削移动"对话框，在"进刀"页下"封闭区域"中"进刀类型"选择"与开放区域相同"，"开放区域"中"进刀类型"选择"线性"，长度设为 60%，最小安全距离为 0；单击"转移/快速"页，将"区域之间"的"转移类型"改为"前一平面"，安全距离为 1mm，"区域内"的"转移类型"改为"前一平面"，安全距离设为 1mm，如图 8-13 所示，单击"确定"按钮，完成非切削移动参数的设置。

 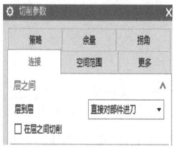 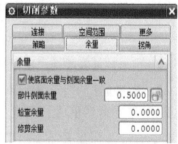

图 8-12　切削参数设置

图 8-13　非切削移动参数设置

6）设置进给和转速。单击"进给和转速"右边按钮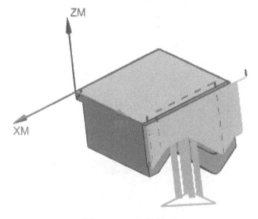，系统弹出"进给和转速"对话框，切削速度为 2000mm/min，主轴转速为 4000r/min，并单击"主轴转速"旁边按钮，然后单击"确定"按钮返回对话框。

7）生成刀具轨迹并仿真。单击"生成"按钮，得到如图 8-14 所示刀具轨迹，单击按钮，弹出刀具轨迹可视化窗口，单击"3D 动态"选项卡，再单击"播放"按钮，得到如图 8-15 所示 3D 仿真效果。

图 8-14　刀具轨迹　　　　　　　　　　　　图 8-15　3D 仿真效果

5. 创建型腔铣操作

1）右击 WB，选择下拉菜单 插入(S) → 工序 命令，在弹出的"创建工序"对话框的"类型"下拉列表中选择"mill_contour"选项，在"工序子类型"区域中单击"型腔铣"按钮，在"刀具"下拉列表中选择前面设置的刀具"T1D21R0.8（铣刀-5 参数）"选项，其他参数为默认设置，单击"确定"按钮，系统弹出"型腔铣"对话框。

2）设置刀轨。将"切削模式"选择"跟随部件"，"步距"选择"刀具平直百分比"，"平面直径百分比"设为 50%，"公共每刀切削深度"选择"恒定"，"最大距离"设为 1mm，如图 8-16 所示。

3）设置切削参数。单击"切削参数"右边按钮，系统弹出"切削参数"对话框，单击"策略"页，"切削方向"选择"顺铣"，"切削顺序"选择"深度优先"；如图 8-17 所示；单击"连接"页，"开放刀路"选择"变换切削方向"；单击"余量"页，"部件侧面余量"输入"0.3"，其余参数为默认设置，单击"确定"按钮，完成切削参数的设置。

4）设置非切削移动参数。单击"非切削移动"右边按钮，系统弹出"非切削移动"对话框，在"进刀"页"封闭区域"中"进刀类型"选择"与开放区域相同"，"开放区域"中"进刀类型"选择"线性"，长度设为 60%，最小安全距离为 0，如图 8-18 所示；单击"转移/快速"页，将"区域之间"的"转移类型"改为"前一平面"，安全距离设为 1mm，将"区域内"的"转移类型"改为"前一平面"，安全距离设为 1mm，如图 8-19 所示，单击"确定"按钮，完成非切削移动参数的设置。

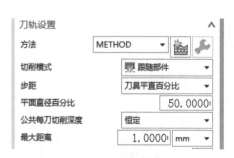

图 8-16 刀轨设置

图 8-17 切削参数设置

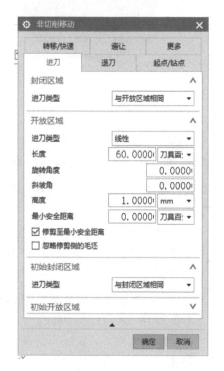

图 8-18 进刀设置

图 8-19 转移/快速设置

5）设置进给和转速。单击"进给和转速"右边按钮🛠，系统弹出"进给和转速"对话框，切削速度设为 2000mm/min，主轴转速设为 4000r/min，并单击"主轴转速"旁边按钮▣，然后单击"确定"按钮返回。

6）生成刀具轨迹并仿真。单击"生成"按钮▶，得到如图 8-20 所示刀具轨迹，单击🔧按钮，弹出刀具轨迹可视化窗口，单击"3D 动态"选项卡，再单击"播放"按钮▶，得到如图 8-21 所示 3D 仿真效果。

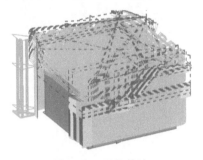

图 8-20　刀具轨迹

图 8-21　3D 仿真效果

6. 创建多刀路清根操作

1）右击 **WORKPIECE** 按钮，选择下拉菜单 插入(S) → 工序 命令，在弹出的"创建工序"对话框的"类型"下拉列表中选择"mill_contour"选项，在"工序子类型"区域中单击"多刀路清根"按钮，在"刀具"下拉列表中选择前面设置的刀具"T2D20R10（铣刀-5 参数）"选项，其他参数为默认设置，单击"确定"按钮，系统弹出"多刀路清根"对话框。

2）指定切削区域。单击"指定切削区域"右边按钮，系统弹出"切削区域"对话框，选择图 8-22 所示的面（共 14 个）为切削区域，然后单击"确定"按钮，返回"多刀路清根"对话框。

图 8-22　指定切削区域

3）驱动设置。在"驱动设置"对话框的"非陡峭切削模式"选择"往复"，步距设为1mm，每侧步距数设为 1，"顺序"选择"由外向内"，如图 8-23 所示。

4）设置切削参数。单击"切削参数"右边按钮，系统弹出"切削参数"对话框，单击"策略"页，勾选"在边上延伸"，距离设为 55%，如图 8-24 所示；单击"余量"页，"部件余量"输入"0.3"，单击"确定"按钮，完成切削参数的设置。

5）设置非切削移动参数。单击"非切削移动"右边按钮，系统弹出"非切削移动"对话框，在"进刀"页"开放区域"中"进刀类型"选择"插铣"，"进刀位置"选择

图 8-23 驱动设置

图 8-24 切削参数设置

"距离", "高度"设为 5mm, 单击"确定"按钮, 完成非切削移动参数的设置。

6) 设置进给和转速。单击"进给和转速"右边按钮 , 系统弹出"进给和转速"对话框, 切削速度设为 2000mm/min, 主轴转速设为 4000r/min, 并单击"主轴转速"旁边按钮 , 然后单击"确定"按钮返回对话框。

7) 生成刀具轨迹并仿真。单击"生成"按钮 , 得到如图 8-25 所示刀具轨迹, 单击 按钮, 弹出刀具轨迹可视化窗口, 单击"3D 动态"选项卡, 再单击"播放"按钮 , 得到如图 8-26 所示 3D 仿真效果。

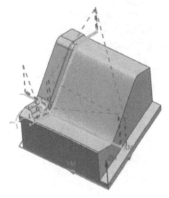

图 8-25 刀具轨迹

图 8-26 3D 仿真效果

7. 创建区域轮廓铣操作 (一)

1) 右击 WB 按钮, 选择下拉菜单 插入(S) → 工序(E) 命令, 在弹出的"创建工序"对话框的"类型"下拉列表中选择"mill_contour"选项, 在"工序子类型"区域中单击"区域轮廓铣"按钮 , 在"刀具"下拉列表中选择前面设置的刀具"T2D20R10 (铣刀-5 参数)"选项, 其他参数为默认设置, 单击"确定"按钮, 系统弹出"区域轮廓铣"对话框。

2) 指定切削区域。单击"指定切削区域"右边按钮 , 系统弹出"切削区域"对话框，选择图 8-27 所示的面（共 15 个）为切削区域，然后单击"确定"按钮，返回"区域轮廓铣"对话框。

图 8-27　指定切削区域

3）设置驱动方法。单击"驱动方法"中"方法"下拉菜单"区域铣削"按钮，系统弹出"区域铣削驱动方法"对话框，将"非陡峭切削"的"步距"选择"恒定"，最大距离设为 0.3mm，将"陡峭切削"栏的"深度加工每刀切削深度"设为 0.3mm，如图 8-28 所示，单击"确定"按钮，完成驱动方法的设置。

4）设置切削参数。单击"切削参数"右边按钮，系统弹出"切削参数"对话框，单击"余量"页，"部件余量"输入"0.1"，单击"确定"按钮，完成切削参数的设置。

5）设置非切削移动参数。单击"非切削移动"右边按钮，系统弹出"非切削移动"对话框，在"进刀"页"开放区域"中"进刀类型"选择"圆弧-平行于刀轴"，半径设为 50%，圆弧角度设为 90°，单击"确定"按钮，完成非切削移动参数的设置。

图 8-28　驱动方法设置

6）设置进给和转速。单击"进给和转速"右边按钮，系统弹出"进给和转速"对话框，切削速度设为 2000mm/min，主轴转速设为 4000r/min，并单击"主轴转速"旁边按钮，然后单击"确定"按钮返回。

7）生成刀具轨迹并仿真。单击"生成"按钮，得到如图 8-29 所示刀具轨迹，单击按钮，弹出刀具轨迹可视化窗口，单击"3D 动态"选项卡，再单击"播放"按钮，得到如图 8-30 所示 3D 仿真效果。

8. 创建区域轮廓铣操作（二）

右击上面完成的区域轮廓铣操作工序，在弹出的下拉菜单中选择"复制"，再次右击上面完成的区域轮廓铣操作工序，在弹出的下拉菜单中选择"粘贴"，然后双击刚才粘贴的工

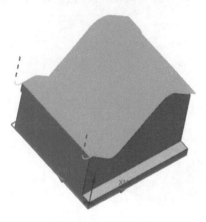

图 8-29　刀具轨迹

图 8-30　3D 仿真效果

序，进入"区域轮廓铣"对话框，将切削参数中的余量设置为 0，单击"确定"按钮，返回"区域轮廓铣"对话框。

单击"生成"按钮 ，得到如图 8-31 所示刀具轨迹，单击 按钮，弹出刀具轨迹可视化窗口，单击"3D 动态"选项卡，再单击"播放"按钮 ，得到如图 8-32 所示 3D 仿真效果。

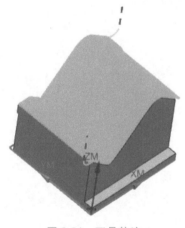

图 8-31　刀具轨迹

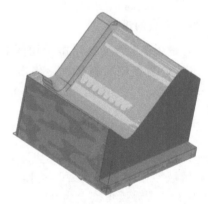

图 8-32　3D 仿真效果

9. 创建清根参考刀具操作

1）右击 WORKPIECE 按钮，选择下拉菜单 插入(S) → 工序(E) 命令，在弹出的"创建工序"对话框的"类型"下拉列表中选择"mill_contour"选项，在"工序子类型"区域中单击"清根参考刀具"按钮 ，在"刀具"下拉列表中选择前面设置的刀具"T3D8R4（铣刀-5 参数）"选项，其他参数为默认设置，单击"确定"按钮，系统弹出"清根参考刀具"对话框。

2）指定切削区域。单击"指定切削区域"右边按钮 ，系统弹出"切削区域"对话框，选择图 8-33 所示的面（共 15 个）为切削区域，然后单击"确定"按钮，返回"清根参考刀具"对话框。

 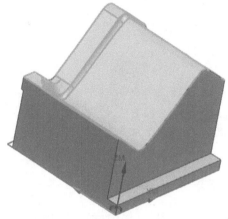

图 8-33 指定切削区域

3）设置驱动方法。在"驱动方法"下的"方法"下拉菜单中选择"清根"，单击右边  按钮，弹出"清根驱动方法"对话框，将"非陡峭切削"和"陡峭切削"的步距均设置为 0.2mm，参考刀具选择"T2D20R10（铣刀-5 参数）"，如图 8-34 所示，单击"确定"按钮，完成驱动方法的设置。

4）设置切削参数。单击"切削参数"右边 按钮，系统弹出"切削参数"对话框，单击"策略"页，勾选"在边上延伸"，距离设为 55%；单击"余量"页，将"部件余量"设为"0.3"，单击"确定"按钮，完成切削参数的设置。

5）非切削移动参数选择默认设置。

6）设置进给和转速。单击"进给和转速"右边按钮 ，系统弹出"进给和转速"对话框，切削速度设为 2000mm/min，主轴转速设为 5000r/min，并单击"主轴转速"旁边按钮 ，然后单击"确定"按钮返回对话框。

7）生成刀具轨迹并仿真。单击"生成"按钮 ，得到如图 8-35 所示刀具轨迹，单击 按钮，弹出刀具轨迹可视化窗口，单击"3D 动态"选项卡，再单击"播放"按钮 ，得到如图 8-36 所示 3D 仿真效果。

图 8-34 驱动方法设置

10. 创建实体轮廓 3D 操作（一）

1）右击 WORKPIECE 按钮，选择下拉菜单 插入(S) → 工序① 命令，在弹出的"创建工序"对话框的"类型"下拉列表中选择"mill_contour"选项，在"工序子类型"区域中单击"实体轮廓 3D"按钮 ，在"刀具"下拉列表中选择前面设置的刀具"T4D16（铣刀-5 参数）"选项，其他参数为默认设置，单击"确定"按钮，系统弹出"实体轮廓 3D"对话框。

图 8-35　刀具轨迹

图 8-36　3D 仿真效果

2）指定壁。单击"指定壁"右边按钮 ，系统弹出"壁几何体"对话框，选择图 8-37 所示的面（共 1 个）为壁，然后单击"确定"按钮，返回"实体轮廓 3D"对话框。

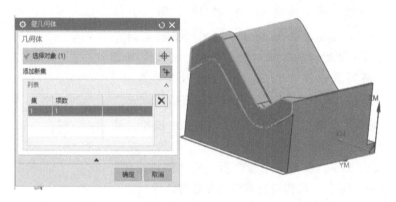

图 8-37　指定壁

3）设置切削参数。单击"切削参数"右边按钮 ，系统弹出"切削参数"对话框，单击"余量"页，"部件余量"输入"0"，其余参数为默认设置，如图 8-38 所示，单击"确定"按钮，完成切削参数的设置。

4）设置进给和转速。单击"进给和转速"右边按钮 ，系统弹出"进给和转速"对话框，切削速度设为 2000mm/min，主轴转速设为 4000r/min，并单击"主轴转速"旁边按钮 ，然后单击"确定"按钮返回。

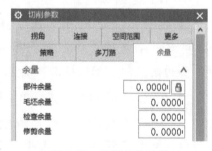

图 8-38　切削参数设置

5）生成刀具轨迹并仿真。单击"生成"按钮 ，得到如图 8-39 所示刀具轨迹，单击 按钮，弹出刀具轨迹可视化窗口，单击"3D 动态"选项卡，再单击"播放"按钮 ，得到如图 8-40 所示 3D 仿真效果。

11. 创建实体轮廓 3D 操作（二）

右击上面完成的实体轮廓 3D 操作工序，在弹出的下拉菜单中选择"复制"，再次右击上面完成的实体轮廓 3D 操作工序，在弹出的下拉菜单中选择"粘贴"，然后双击刚才粘贴

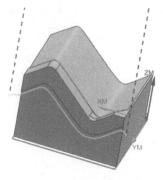

图 8-39 刀具轨迹

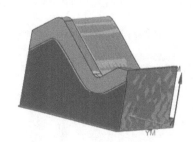

图 8-40 3D 仿真效果

的工序，进入"实体轮廓 3D"对话框，单击"指定壁"右边按钮 ⬡，系统弹出"壁几何体"对话框，单击 ✕ 按钮，选择图 8-41 所示的面（共 1 个）为壁，然后单击"确定"按钮，返回"实体轮廓 3D"对话框。

图 8-41 指定壁

单击"生成"按钮 ⬚，得到如图 8-42 所示刀具轨迹，单击 ⬚ 按钮，弹出刀具轨迹可视化窗口，单击"3D 动态"选项卡，单击"播放"按钮 ▶，得到如图 8-43 所示 3D 仿真效果。

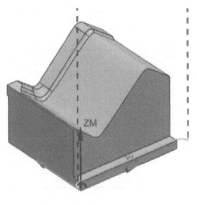

图 8-42 刀具轨迹

图 8-43 3D 仿真效果

12. 生成加工程序

右击 ⬚ PLANAR_MILL 按钮，单击下拉菜单中的"后处理"按钮，系统弹出"后处理"

对话框，单击"浏览查找输出文件"右边  按钮，找到已经安装好的后处理文件保存位置，单击"OK"按钮，如图 8-44 所示，然后单击"确定"按钮，生成加工程序。

图 8-44 选择后处理文件

第二部分 计划与实施

引导问题：

本学习任务是在加工中心上完成侧剪刀块加工，那么在加工前，要做哪些准备工作？

二、生产前的准备

1. 认真阅读零件图，完成表 8-1

表 8-1 分析零件图

项 目	分析内容
标题栏信息	零件名称： 零件材料： 毛坯规格：
零件形体	描述零件主要结构：
表面粗糙度	零件加工表面粗糙度：
其他技术要求	描述零件其他技术要求：

2. 准备工、量具等

夹具：

刀具：

量具：

其他工具或辅具：

3. 填写数控加工工序卡 （表8-2）

表8-2　数控加工工序卡

单位名称		数控加工工序卡				零件名称	零件图号	材　料	硬　度
工序号	工序名称	加工车间		设备名称		设备型号		夹　具	
				加工中心					
工步号	工步内容	刀具类型	刀具规格尺寸/mm	程序名	切削速度/(m/min)	主轴转速/(r/min)	进给量/(mm/r)	进给速度/(mm/min)	背吃刀量/mm	进给次数	备注
编制		审核		批准				共　页	第　页

注：1. 切削速度与主轴转速任选一个进行填写。

　　2. 进给量与进给速度任选一个进行填写。

引导问题：

按照怎样的步骤才能加工出合格零件？

三、在加工中心上完成零件加工

按下列操作步骤，分步完成零件加工，并记录操作过程。

1. 开机（表 8-3）

表 8-3　操作过程

操作步骤	操作内容	过程记录
1	打开外部电源开关	
2	打开机床电气柜总开关	
3	按下操作面板上的白色"电源"按钮	
4	等待系统进入待机界面后，打开"紧急停止"按钮	
5	按"复位"键，机床被激活并可以进行操作	

2. 装夹毛坯

首先将垫板吹干净，用螺栓将毛坯固定在垫板上，要在 X 或者 Y 方向进行打表，然后再锁紧。

3. 选择刀具和装夹刀具（表 8-4）

表 8-4　操作过程

操作步骤	操作内容	过程记录
1	根据加工要求，选择刀具	
2	选择相关弹簧夹套，将刀具装到刀柄上并锁紧	
3	在快速模式下，将刀具放入主轴锥孔内(注意保持主轴锥孔及刀柄的清洁)，使主轴矩形凸起部分正好卡入刀柄矩形缺口处，这时松开锁刀按钮，刀具即被主轴拉紧	

4. 在 MDI 状态起动主轴（表 8-5）

表 8-5　操作过程

操作步骤	操作内容	过程记录
1	在 MDI 模式下，按"程序"按钮进入程序界面	
2	输入"M3 S450"后按，再按"输入"键	
3	按"循环启动"按钮，主轴正转起动	

5. 使用分中棒对 X、Y 轴（表 8-6）

表 8-6　操作过程

操作步骤	操作内容	过程记录
1	在手轮模式下，使分中棒靠近毛坯右侧	
2	通过调节进给倍率旋钮来调整进给速度，注意分中棒的位置，以防止撞坏分中棒	
3	选择 X 轴，选择"×100"倍率，旋转手轮，使分中棒进一步靠近毛坯，然后选择"×10"倍率，沿顺时针方向分步一格一格地旋转手轮，当分中棒碰到工件时停止	
4	在界面，选择相对坐标，输入"X-5"，按"测量"按钮	
5	选择 Y 轴，选择"×100"倍率，沿顺时针方向旋转手轮，使分中棒靠近毛坯前面	
6	当分中棒碰到工件时停止，在界面，选择相对坐标，输入"Y-5"，按"测量"按钮	

6. 使用刀具对 Z 轴（表 8-7）

表 8-7　操作过程

操作步骤	操作内容	过程记录
1	转换到快速模式，拆掉分中棒，安装铣刀"T1D21R0.8"	
2	选择 Z 轴，选择"×100"倍率，旋转手轮，下刀至低于毛坯上表面约 10mm 的位置	
3	选择"×10"倍率，旋转手轮，移动刀具靠近毛坯，当刀具与毛坯之间不能通过"D10"的铣刀时，选择"×1"倍率，抬起刀具。抬刀时每抬一格，用"D10"的铣刀在工件与"D21"铣刀之间划一下，直到能顺利通过为止	
4	在 界面，选择相对坐标，输入"Z0"，按"测量"按钮	
5	将刀具抬至安全高度，主轴停止转动，完成对刀操作	

7. 录入并校验程序（表 8-8）

表 8-8　操作过程

操作步骤	操作内容	过程记录
1	在 MDI 模式下，选择 翻到程序界面	
2	输入"G54 X0 Y0 Z20"后按 键，再按输入键 ，将进给倍率开关旋到 0% 的位置，然后运行程序	
3	调整合适的进给倍率，使刀具慢慢接近设定的坐标，观察对刀是否正确	

8. 自动运行，完成加工（表 8-9）

表 8-9　操作过程

操作步骤	操作内容	过程记录
1	选择"DNC 连线"模式	
2	将进给倍率开关旋到 0% 的位置	
3	在计算机上打开 CIMCOEdit5 软件，将加工程序导入该软件中，单击"机床通信"→"发送"按钮	
4	在机床上按"运行"按钮	
5	将进给倍率开关调整到合适倍率，进行切削加工	
6	完成加工	

9. 清理机床，整理工、量、辅具等（表 8-10）

表 8-10　操作过程

操作步骤	操作内容	过程记录
1	从机床上将刀柄卸下来（与装刀顺序相反），注意保护刀具不要让其从主轴上掉下来，对于较重刀具或力量不够的同学要请其他同学帮助保护	
2	将刀具从刀柄上卸下来	
3	将机床 Z 轴手动返回参考点，移动 X、Y 轴使工作台处于床身中间位置	
4	清理机用虎钳和工作台上的切屑	

（续）

操作步骤	操作内容	过程记录
5	用抹布擦拭机床外表面、操作面板、工作台、工具柜等	
6	整理工、量、辅具及刀具等,需要归还的工具应及时归还	
7	按要求清理工作场地,填写交接班表格等	

第三部分　评价与反馈

四、自我评价（表 8-11）

表 8-11　自我评价

序号	评价项目	是	否
1	是否能分析出零件的正确形体		
2	前置作业是否全部完成		
3	是否完成小组分配的任务		
4	是否认为自己在小组中不可或缺		
5	是否严格遵守课堂纪律		
6	在本次学习任务执行过程中,是否主动帮助同学		
7	对自己的表现是否满意		

五、小组评价（表 8-12）

表 8-12　小组评价

序号	评价项目	评价
1	团队合作意识,注重沟通	
2	能自主学习及相互协作,尊重他人	
3	学习态度积极主动,能参加安排的活动	
4	能正确地领会他人提出的学习问题	
5	遵守学习场所的规章制度	
6	具有工作岗位的责任心	
7	主动学习	
8	能正确对待肯定和否定的意见	
9	团队学习中的主动与合作意识	
评价人		年　月　日

六、教师评价（表 8-13）

表 8-13　教师评价

序号	评价项目	教师评价			
		优	良	中	差
1	按时上课,遵守课堂纪律				
2	着装符合要求				

（续）

序号	评价项目	教师评价			
		优	良	中	差
3	学习的主动性和独立性				
4	工、量、辅具及刀具使用规范,机床操作规范				
5	主动参与工作现场的 6S 工作				
6	工作页填写完整				
7	与小组成员积极沟通并协助其他成员共同完成学习任务				
8	会快速查阅各种手册等资料				
9	教师综合评价				

模块五　五轴加工典型实例

中式笔筒的制作

学习目标

通过中式笔筒制作这一学习任务的学习，学生能：

1. 掌握五轴加工中心的基础知识。
2. 掌握 SIEMENS 五轴加工中心的基本操作。
3. 利用 UG 软件进行五轴编程。
4. 掌握刀库对刀的方法。
5. 掌握机床的维护和保养。

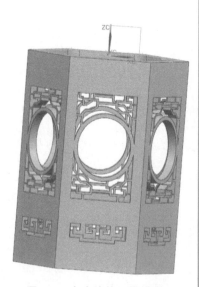

建议学时

18 学时。

学习任务描述

该零件为工艺品，总体尺寸为 φ93mm×120mm，材料为铝合金，尺寸精度要求不高，但要控制内孔和外表面的表面粗糙度；五轴加工中心为 B+C 轴结构，摆头转过 90° 时限高，因此毛坯应该准备尺寸为 φ100mm×230mm 的棒料。中式笔筒三维模型图和零件图分别如图 9-1 和图 9-2 所示。

图 9-1　中式笔筒三维模型图

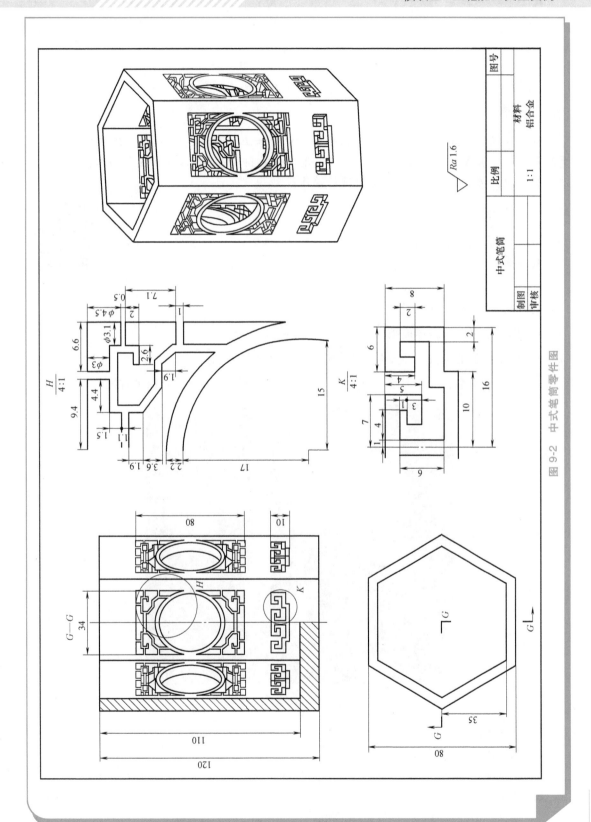

图 9-2　中式笔筒零件图

第一部分 学习准备

引导问题：

　　该中式笔筒要做 6 个侧面，若用三轴加工中心加工，则要进行 6~7 次的装夹，不仅非常麻烦，而且浪费时间，也不能保证加工精度。如果利用五轴加工中心进行加工，则可以解决以上问题，那么五轴加工中心如何进行操作？

一、机床操作部分

SIEMENS 操作面板如图 9-3 所示。

1. 开机

1）将机床通电，开关 上拉。

2）机床上电：按操作面板上"电源"按钮 。

3）机床加使能：按"主轴使能" → "进给使能" 。

4）打开"紧急停止"按钮，按"复位"键 ，机床被激活并可以进行操作。

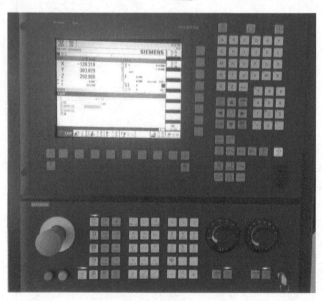

图 9-3　SIEMENS 操作面板

2. 安装刀具

1）按 键→ T.S.M 键。

2）把光标移到"T"处，输入刀号"1"（即 1 号刀），再按"运行"键 。

3. 测量刀长

1）调用刀具半径补偿：按 键→ 键→输入"D1"→ 键。

2）测量刀长：按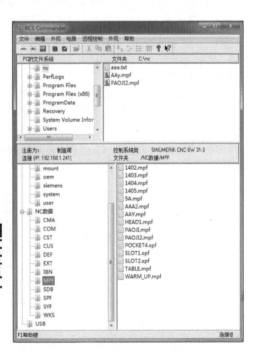（部分）键→输入"M27"→ 键，系统自动测量刀长。

4. 建立 G54 坐标系

1）按 键→ T,S,M 软键。

2）把光标移到"零偏"处，按 键，选择 G54，然后按 键运行，最后按 键。

5. 主轴正转

1）按 键→ T,S,M 键。

2）把光标移到"S"处，输入"500"，按"输入"键 。

3）把光标移到"M"处，按 键，选择正转，再按"运行"键 。

6. 对刀

1）按 键进入手轮模式，用刀具碰工件一边，按 键，再按 X-B 键。

2）移动刀具碰工件对边，这时显示的坐标值为 X_2，按 键→ + W 键→ + V 键，按数字键<2>（即 $X_2/2$），然后按 键完成 X 轴对刀。

3）同理完成 Y 轴对刀。

4）Z 轴对刀：用刀具碰工件上表面，按 键，再按 Z-B 键，然后按 运行。

5）安装 2 号刀 T2，按 键，输入"M27"，再按 键运行，用对刀仪测量 T2 的刀长。

6）同理 3 号刀 T3 对刀。

注意：对刀前应先确认 B、C 轴是否为 0。具体查看方法：按 键→ 键，查看刀号和刀具半径补偿值，B、C 轴应为 0。

7. 程序传输

1）在计算机上双击 软件，系统弹出"选择连接"对话框，单击"连接"，进入传输软件界面（图 9-4），单击"NC 数据"，在下拉菜单中单击"MPF"，在右边的区域中"粘贴"加工所用程序。

图 9-4 软件 RCS Commander 界面

2）在机床上按 键，选择 NC 键，再选择零件加工程序，按 键→ 键，最后按 键运行程序开始加工。

8. 机床的日常维护与保养

任何机械设备使用一段时间之后，其机械零件、部件都会发生损坏，为了延长机床使用寿命，应对机床进行日常的维护和保养。

1）保持良好的润滑状态，定期检查、清洁自动润滑系统，添加或更换切削液、润滑油，使丝杠导轨等各部位保持良好的润滑状态。

2）保持机床清洁。每天下午进行机床清洁，经常检查机床电路，保持机床操作面板、外观等的清洁，留意机床运行时的声音，有故障及时进行维修和维护。

3）保持生产车间通风、整洁。

引导问题：

前面我们学习的工件只需要一次或两次装夹，如果工件要进行多次装夹，在编程方面应如何进行处理？

二、编程部分

在机械加工中，零件加工一般都要经过多道工序。工序安排得是否合理对加工零件的质量有较大的影响，因此在加工前需要根据零件的特征制订好加工工序。

下面以中式笔筒为例，介绍多工序铣削的加工方法，其加工工艺路线如图9-5所示。

1. 打开模型文件进入加工模块

1）打开指导教师制作的零件模型，根据编程需要，将模型进行相应的处理，如图9-6所示。

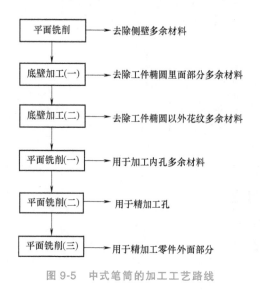

平面铣削 ——→ 去除侧壁多余材料

底壁加工（一）——→ 去除工件椭圆里面部分多余材料

底壁加工（二）——→ 去除工件椭圆以外花纹多余材料

平面铣削（一）——→ 用于加工内孔多余材料

平面铣削（二）——→ 用于精加工孔

平面铣削（三）——→ 用于精加工零件外面部分

图9-5　中式笔筒的加工工艺路线

图9-6　补孔和建毛坯

2）进入加工环境。选择下拉菜单 ⬛ 启动 · → ▶ 加工(R)... 命令，系统弹出"加工环境"对话框，选择默认设置，单击"确定"按钮，进入加工环境，如图9-7所示。

2. 创建几何体

1）设定加工坐标系。将工序导航器调整到"几何视图"，双击 ✛ 🔩 MCS_MILL 后系统弹出"MCS铣削"对话框，如图9-8所示，单击"机床坐标系"中的 🔩 按钮，系统弹出"CSYS"对话框，按照图9-9a所示参数设置完成坐标系的创建。

2）创建安全平面。在安全设置区域的"安全设置"选项下拉列表中选择"刨"选项，

图 9-7 "加工环境"对话框

图 9-8 "MCS 铣削"对话框

然后单击工件上表面，在弹出的"距离"对话框中输入"10"，单击"确定"按钮，完成安全平面的创建。

3）创建部件几何体。在工序导航器中双击 ⊟ MCS_MILL 下的 ⊟ WORKPIECE ，系统弹出"工件"对话框。在"工件"对话框中单击 按钮，系统弹出"部件几何体"对话框，选择整个工件，然后单击 确定 按钮，完成部件几何体的创建。

4）创建毛坯几何体。在"工件"对话框中单击"指定毛坯"右边按钮 ，系统弹出"毛坯几何

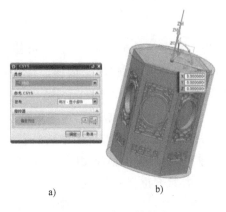

图 9-9 坐标系的创建

体"对话框，在"类型"下拉菜单中选择"几何体"，单击创建的毛坯，然后单击 确定 按钮，完成毛坯几何体的创建。

3. 创建刀具

将工序导航器调整到"机床视图"，单击 按钮，系统弹出"创建刀具"对话框，"类型"选择默认设置，刀具子类型选择"MILL"按钮 ，在"名称"文本框中输入"T1D16"，然后单击"确定"按钮，弹出"铣刀-5 参数"对话框；在"（D）直径"文本框中输入"16"，在"编号"栏的"刀具号""补偿寄存器"和"刀具补偿寄存器"文本框中均输入"1"，其他参数采用系统默认的设置值，单击 确定 按钮完成刀具的创建，如图 9-10 所示。同样完成其他刀具"T2D10""T3D2"的创建。

4. 创建平面铣操作

1）将工序导航器调整到"程序顺序视图"，选择下拉菜单 插入(S) → 工序 命令，在弹出的"创建工序"对话框的"类型"下拉列表中选择"mill_planar"选项，在"工序子

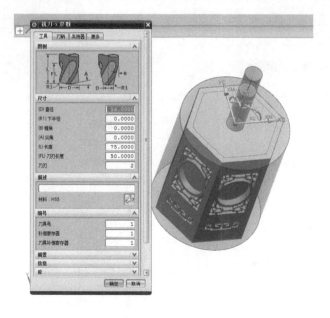

图 9-10　创建刀具

类型"区域中单击"平面铣"按钮 ，在"刀具"下拉列表中选择前面设置的刀具
"T1D16（铣刀-5 参数）"选项，其他参数为默认设置，单击"确定"按钮，系统弹出"平
面铣"对话框。

2）指定部件边界。在"平面铣"对话框的"几何体"区域中单击 按钮，系统弹出
"边界几何体"对话框（图 9-11a），在"模式"右边下拉列表选择"面"，"材料侧"选择
"内部"，选择工件顶面如图 9-11b 所示，单击"确定"按钮返回"创建边界"对话框，在
"刨"右侧下拉菜单中选择"用户定义"，系统弹出"刨"对话框（图 9-12a），选择工件顶
面如图 9-12b 所示，单击"确定"按钮返回"创建边界"对话框，再次单击"确定"按钮，
返回"平面铣"对话框，完成指定部件边界的创建。

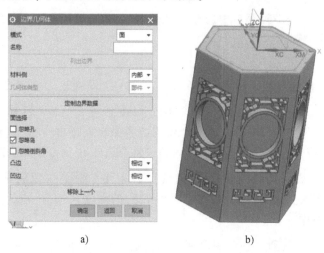

a)　　　　　　　　　　　　b)

图 9-11　创建边界设置（一）

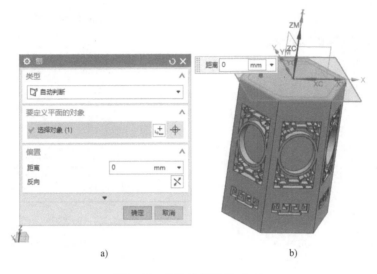

a)   b)

图 9-12 创建边界设置（二）

3）指定底面。在"平面铣"对话框中单击"指定底面"右边按钮 ，弹出"刨"对话框，单击工件下表面，单击"确定"按钮，完成底面的指定。

4）设置刀轨。在"平面铣"刀轨设置下的"切削模式"区域中选择"轮廓"，如图 9-13 所示，单击"切削层"右边按钮 ，弹出"切削层"对话框，将"每刀切削深度"设置为"1"，如图 9-14 所示，单击"确定"按钮，返回"刀轨设置"对话框。

图 9-13 设置刀轨

图 9-14 切削层设置

5）设置切削参数。单击"切削参数"右边按钮 ，系统弹出"切削参数"对话框，单击"策略"页，"切削顺序"选择"深度优先"；单击"拐角"页，将"凸角"设置为"延伸"，"余量"设置为"0.3"，单击"确定"按钮，完成切削参数的设置。

6）设置非切削移动参数。单击"非切削移动"右边按钮 ，系统弹出"非切削移动"对话框，在"进刀"页下"封闭区域"栏中"进刀类型"选择"与开放区域相同"，"开放区域"中"进刀类型"选择"圆弧"，半径设为 5mm，圆弧角度设为 90°，高度为 1mm，最小安全距离为 0，如图 9-15 所示；单击"转移/快速"页，将"区域之间"的"转移类型"改为"前一平面"，安全距离设为 1mm，将"区域内"的"转移类型"改为"前一平面"，安全距离设为 1mm，如图 9-16 所示，单击"确定"按钮，完成非切削移动参数的设置。

图 9-15　进刀设置

图 9-16　转移/快速设置

7）设置进给和转速。单击"进给和转速"右边按钮 🔩，系统弹出"进给和转速"对话框，切削速度设为 2000mm/min，主轴转速设为 4000r/min，并单击"主轴转速"旁边按钮 📄，然后单击"确定"按钮返回对话框。

8）生成刀具轨迹并仿真。单击"生成" ▶ 按钮，得到如图 9-17 所示刀具轨迹，单击 🔢 按钮，弹出刀具轨迹可视化窗口，单击"3D 动态"选项卡，再单击"播放"按钮 ▶，得到如图 9-18 所示 3D 仿真效果。

图 9-17　刀具轨迹

图 9-18　3D 仿真效果

5. 创建底壁加工操作（一）

1）将工序导航器调整到"程序顺序视图"，选择下拉菜单 插入(S) → ⚙ 工序(E) 命令，在弹出的"创建工序"对话框的"类型"下拉列表中选择"mill_planar"选项，在"工序子类型"区域中单击"底壁加工"按钮 🔲，在"刀具"下拉列表中选择前面设置的刀具"T2D10（铣刀-5 参数）"选项，其他参数为默认设置，单击"确定"按钮，系统弹出"底壁加工"对话框。

2）指定切削区底面。在"底壁加工"对话框的"指定切削区底面"中单击 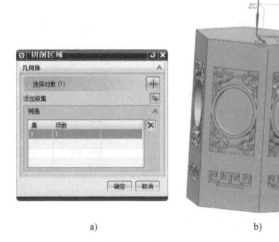，系统弹出"切削区域"对话框（图9-19a），选择图9-19b所示的面，单击"确定"按钮返回"底壁加工"对话框，完成切削区底面的指定。

图 9-19　指定切削区底面

3）设置刀轨。在"底壁加工"刀轨设置下的"切削区域空间范围"选择"底面"，"切削模式"选择"跟随周边"，"步距"选择"刀具平直百分比"，"底面毛坯厚度"输入"7"，"每刀切削深度"输入"1"，"Z向深度偏置"输入"0"，如图9-20所示。

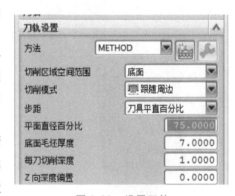

4）设置切削参数。单击"切削参数"右边按钮 ，系统弹出"切削参数"对话框，单击"拐角"页，将"凸角"设置为"延伸"，"余量"设置为"0"，单击"确定"按钮，完成切削参数的设置。

图 9-20　设置刀轨

5）设置非切削移动参数。单击"非切削移动"右边按钮 ，系统弹出"非切削移动"对话框，在"进刀"页下"封闭区域"中"进刀类型"选择"沿形状斜进刀"，斜坡角设为3°，高度设为1mm，最小安全距离设为0mm，最小斜面长度设为20%；"开放区域"中"进刀类型"选择"与封闭区域相同"，如图9-21所示；单击"转移/快速"页，将"区域之间"的"转移类型"改为"前一平面"，安全距离设为1mm，将"区域内"的"转移类型"改为"前一平面"，安全距离设为1mm，如图9-22所示，单击"确定"按钮，完成非切削移动参数的设置。

6）设置进给和转速。单击"进给和转速"右边按钮 ，系统弹出"进给和转速"对话框，切削速度设为2000mm/min，主轴转速设为6000r/min，并单击"主轴转速"旁边按钮 ，然后单击"确定"按钮返回。

7）生成刀具轨迹并仿真。单击"生成"按钮 ，得到如图9-23所示刀具轨迹，单击

图 9-21　进刀开放区域设置

图 9-22　转移/快速设置

按钮，弹出刀具轨迹可视化窗口，单击"3D 动态"选项卡，再单击"播放"按钮▶，得到如图 9-24 所示 3D 仿真效果。

图 9-23　刀具轨迹

图 9-24　3D 仿真效果

6. 刀轨变换（一）

右击上面的底壁加工工序，在弹出的下拉菜单中选择"对象"，再选择"变换"，如图 9-25 所示，进入"变换"对话框（图 9-26a），在"类型"选项中选择"绕直线旋转"，选择图 9-26b 所示直线，"结果"选择"复制"，"距离/角度分割"设置为"6"，"非关联副本数"设置为"5"，单击"确定"按钮，以同样方法完成另外 5 个面的刀轨变换。

7. 创建底壁加工操作（二）（刀轨复制）

1）右击步骤 5 创建的刀轨，在弹出的下拉菜单中选择"复制"，再选择"粘贴"，然后双击刚才粘贴的刀轨，进入"底壁加工"对话框，在"底壁加工"对话框的"指定切削区底面"中单击按钮，系统弹出"切削区域"对话框（图 9-27a），删除原有的切削区域，选择图 9-27b 所示的面，单击"确定"按钮返回"底壁加工"对话框，完成切削区底面的指定，并将"工具"中的"刀具"换成"T3D2"。

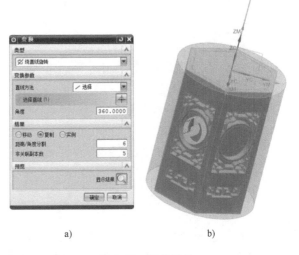

a)　　　　　　　　　　b)

图 9-25　选择变换　　　　　　　　　图 9-26　刀轨变换

2）设置刀轨。在"底壁加工"对话框的刀轨设置栏"切削区域空间范围"选择"底面"，"切削模式"选择"跟随周边"，"步距"选择"刀具平直百分比"，"底面毛坯厚度"输入"7"，"每刀切削深度"输入"0.3"，"Z向深度偏置"输入"0"，如图 9-28 所示。

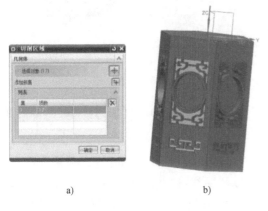

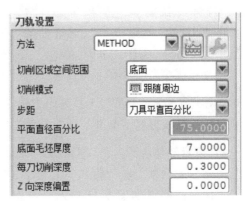

a)　　　　　　b)

图 9-27　指定切削区底面　　　　　　　　图 9-28　设置刀轨

3）设置进给和转速。单击"进给和转速"右边按钮，系统弹出"进给和转速"对话框，切削速度设为 2000mm/min，主轴转速设为 8000r/min，并单击"主轴转速"旁边按钮，然后单击"确定"按钮返回对话框。

4）生成刀具轨迹并仿真。单击"生成"按钮，得到如图 9-29 所示刀具轨迹，单击按钮，弹出刀具轨迹可视化窗口，单击"3D 动态"选项卡，再单击"播放"按钮，得到如图 9-30 所示 3D 仿真效果。

8.刀轨变换（二）

右击上面的底壁加工工序，在弹出的下拉菜单中选择"对象"，再选择"变换"，进入"变换"对话框（图 9-31a），在"类型"选项中选择"绕直线旋转"，选择图 9-31b 所示直

图 9-29　刀具轨迹

图 9-30　3D 仿真效果

线，"结果"选择"复制"，"距离/角度分割"设置为"6"，"非关联副本数"设置为"5"，单击"确定"按钮，以同样方法完成另外 5 个面的刀轨变换。

9. 创建平面铣操作（一）

1）将工序导航器调整到"程序顺序视图"，选择下拉菜单 插入(S) → 工序(E) 命令，在弹出的"创建工序"对话框的"类型"下拉列表中选择"mill_planar"选项，在"工序子类型"弹出的区域中单击"平面

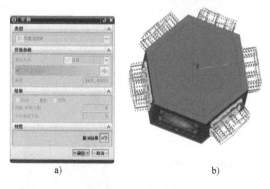

图 9-31　刀轨变换

铣"按钮 ，在"刀具"下拉列表中选择前面设置的刀具"T1D16（铣刀-5 参数）"选项，其他参数为默认设置，单击"确定"按钮，系统弹出"平面铣"对话框。

2）指定部件边界。在"平面铣"对话框的"几何体区域"中单击 ，系统弹出"边界几何体"对话框，在"模式"右边下拉列表选择"曲线/边"，"材料侧"选择"外部"，选择工件顶面曲线如图 9-32 所示，单击"确定"按钮返回"边界几何体"对话框，在"刨"右侧下拉菜单中选择"用户定义"，系统弹出"刨"对话框（图 9-33a），选择工件顶

a)

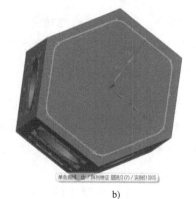

b)

图 9-32　创建边界设置（一）

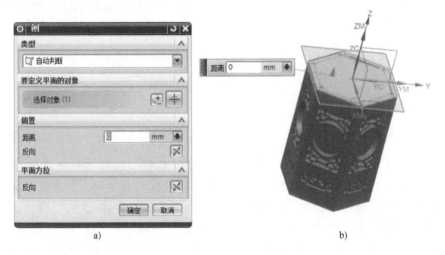

a)   b)

图 9-33　创建边界设置（二）

面如图 9-33b 所示，单击"确定"按钮返回"创建边界"对话框，再次单击"确定"按钮，返回"平面铣"对话框，完成指定部件边界的创建。

3）指定底面。在"平面铣"对话框中单击"指定底面"右边按钮 ，弹出"刨"对话框（图 9-34a），单击工件下表面，如图 9-34b 所示，单击"确定"按钮，完成底面的指定。

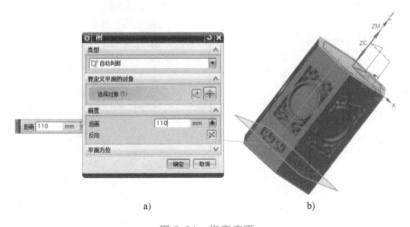

a)   b)

图 9-34　指定底面

4）设置刀轨。在"平面铣"对话框中刀轨设置下的"切削模式"区域中选择"跟随周边"，如图 9-35 所示，单击"切削层"右边按钮 ，弹出"切削层"对话框，将"每刀切削深度"设置为"1"，如图 9-36 所示，单击"确定"按钮，返回"平面铣"对话框。

5）设置切削参数。单击"切削参数"右边按钮 ，系统弹出"切削参数"对话框，单击"策略"页，"切削顺序"选择"深度优先"，"刀路方向"选择"向外"；单击"拐角"页，将"凸角"设置为"延伸"，"余量"设置为"0.2"，单击"确定"按钮，完成切削参数的设置。

6）设置非切削移动参数。单击"非切削移动"右边按钮 ，系统弹出"非切削移动"

图 9-35　设置刀轨

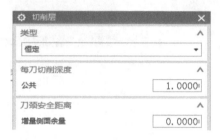

图 9-36　切削层设置

对话框，在"进刀"页"封闭区域"中"进刀类型"选择"沿形状斜进刀"，斜坡角设为3°，高度设为1mm，最小安全距离为0mm，最小斜面长度设为20%；"开放区域"中"进刀类型"选择"与封闭区域相同"，如图9-37所示；单击"转移/快速"页，将"区域之间"的"转移类型"改为"前一平面"，安全距离设为1mm，将"区域内"的"转移类型"改为"前一平面"，安全距离设为1mm，如图9-38所示单击"确定"按钮，完成非切削移动参数的设置。

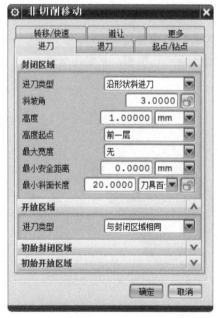

图 9-37　进刀设置

图 9-38　转移/快速设置

7）设置进给和转速。单击"进给和转速"右边按钮🏵️，系统弹出"进给和转速"对话框，切削速度设为2000mm/min，主轴转速设为8000r/min，并单击"主轴转速"旁边按钮🔳，然后单击"确定"按钮返回对话框。

8）生成刀具轨迹并仿真。单击"生成"按钮🏹，得到如图9-39所示刀具轨迹，单击🏹按钮，弹出刀具轨迹可视化窗口，单击"3D动态"选项卡，再单击"播放"按钮▶️，得到如图9-40所示3D仿真效果。

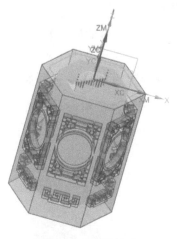

图 9-39　刀具轨迹

图 9-40　3D 仿真效果

10. 创建平面铣操作（二）——复制刀轨进行精修

1）右击步骤 9 创建的工序，在弹出的下拉菜单中选择"复制"，再选择"粘贴"，然后双击刚才粘贴的刀轨，进入"平面铣"对话框。

2）单击"切削层"右边按钮▤，弹出"切削层"对话框，将"每刀切削深度"设置为"0.2"。

3）将"刀轨设置"中的"切削模式"选择为"轮廓"。

4）单击"切削参数"右边按钮▱，系统弹出"切削参数"对话框，单击"余量"页，将"部件余量"设置为"0"。

5）生成刀具轨迹并仿真。单击"生成"按钮▮，得到如图 9-41 所示刀具轨迹，单击▮按钮，弹出刀具轨迹可视化窗口，单击"3D 动态"选项卡，再单击"播放"按钮▶，得到如图 9-42 所示 3D 仿真效果。

图 9-41　刀具轨迹

图 9-42　3D 仿真效果

11. 创建平面铣操作（二）——复制刀轨进行外表精修

1）右击步骤 4 创建的工序，在弹出的下拉菜单中选择"复制"，再选择"粘贴"，然后双击刚才粘贴的刀轨，进入"平面铣"对话框。

2）单击"切削层"右边按钮▤，弹出"切削层"对话框，将"每刀切削深度"设置为"0.2"。

3）将"刀轨设置"中的"切削模式"选择为"轮廓"。

4）单击"切削参数"右边按钮，系统弹出"切削参数"对话框，单击"余量"页，将"部件余量"设置为"0"。

5）生成刀具轨迹并仿真。单击"生成"按钮，得到如图9-43所示刀具轨迹，单击按钮，弹出刀具轨迹可视化窗口，单击"3D动态"选项卡，再单击"播放"按钮，得到如图9-44所示3D仿真效果。

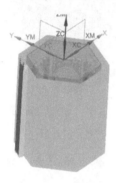

图9-43　刀具轨迹

图9-44　3D仿真效果

12. 生成加工程序

右击 PLANAR_MILL 按钮，单击下拉菜单中的"后处理"按钮，系统弹出"后处理"对话框，单击"浏览查找输出文件"右边按钮，找到已经安装好的后处理文件，保存位置，单击"OK"按钮，如图9-45所示，然后单击"确定"按钮，生成加工程序。

图9-45　选择后处理文件

第二部分　计划与实施

引导问题：

本学习任务是在五轴加工中心上完成中式笔筒加工，那么在加工前，要做哪些准备工作？

三、生产前的准备

1. 认真阅读零件图，完成表 9-1

表 9-1　分析零件图

项　　目	分析内容
标题栏信息	零件名称： 零件材料： 毛坯规格：
零件形体	描述零件主要结构：
表面粗糙度	零件加工表面粗糙度：
其他技术要求	描述零件其他技术要求：

2. 准备工、量具等

夹具：

刀具：

量具：

其他工具或辅具：

3. 填写数控加工工序卡（表 9-2）

表 9-2　数控加工工序卡

单位名称	数控加工工序卡				零件名称	零件图号	材　料	硬　度
工序号	工序名称	加工车间		设备名称	设备型号		夹　具	
				五轴加工中心				
工步号	工步内容	刀具类型	刀具规格尺寸/mm	程序名	切削速度/(m/min)	主轴转速/(r/min)	进给量/(mm/r)	进给速度/(mm/min)	背吃刀量/mm	进给次数	备注
编制		审核		批准			共　　页	第　　页

注：1. 切削速度与主轴转速任选一个进行填写。

　　2. 进给量与进给速度任选一个进行填写。

按照怎样的步骤才能加工出合格零件？

四、在加工中心上完成零件加工

按下列操作步骤，分步完成零件加工，并记录操作过程。

1. 开机 （表9-3）

表9-3 操作过程

操作步骤	操作内容	过程记录
1	打开外部电源开关	
2	打开机床电气柜总开关	
3	按下操作面板上的"电源"按钮	
4	等待系统进入待机界面后，按"主轴使能"键 →"进给使能"键	
5	打开"紧急停止"按钮	
6	按"复位"键 ，机床被激活并可以进行操作	

2. 装夹毛坯

首先将垫板吹干净，用螺栓将毛坯固定在垫板上，要在 X 或者 Y 方向进行打表，然后再锁紧。

3. 选择刀具和装夹刀具 （表9-4）

表9-4 操作过程

操作步骤	操作内容	过程记录
1	根据加工要求，选择刀具	
2	选择相关弹簧夹套，将刀具装到刀柄上并锁紧	
3	按 键→ 键，把光标移到"T"处，输入刀号"1"（即1号刀），再按 运行键	
4	在手轮模式下，按"装刀"键，将刀具放入主轴锥孔内（注意保持主轴锥孔及刀柄的清洁），使主轴矩形凸起部分正好卡入刀柄矩形缺口处，这时松开锁刀按钮，刀具即被主轴拉紧	

4. 利用对刀仪测量刀长 （表9-5）

表9-5 操作过程

操作步骤	操作内容	过程记录
1	按 键→ 键→输入"D1"→ 键，调用刀具半径补偿	
2	按 键→输入"M27"→ 键，系统自动测量刀长	

5. 建立机床坐标系 (表 9-6)

表 9-6 操作过程

操作步骤	操作内容	过程记录
1	按 ⬚ 键→ ⬚ T.S.M 键,把光标移到"零偏"处,按 ⬚ 键,选择"G54",然后按 ⬚ 键运行	

6. 使用分中棒对 X、Y 轴 (表 9-7)

表 9-7 操作过程

操作步骤	操作内容	过程记录
1	按 ⬚ 键→ ⬚ T.S.M 键,把光标移到"S"处,输入"450",按"输入"键 ⬚;把光标移到"M"处,按 ⬚ 键,选取正转,再按 ⬚ 键运行	
2	在手轮模式下,使分中棒靠近毛坯右侧,通过调节进给倍率旋钮来调整进给速度,注意分中棒的位置,以防止撞坏分中棒	
3	选择 X 轴,当分中棒碰到工件时停止	
4	按 ⬚ 键,进入相应界面,再按 ⬚ X-B 键	
5	将分中棒靠近毛坯左侧,将分中棒移动到合适的位置,按 ⬚ 键→ ⬚ + ⬚ W 组合键→$X_2/2$→ ⬚ 键,完成 X 轴对刀	
6	同理完成 Y 轴对刀	

7. 使用刀具对 Z 轴 (表 9-8)

表 9-8 操作过程

操作步骤	操作内容	过程记录
1	转换到快速模式,拆掉分中棒,安装铣刀"T1D16"	
2	主轴以 800r/min 正转	
3	选择 Z 轴,旋转手轮,下刀至毛坯上表面的位置	
4	按 ⬚ 键→ ⬚ Z-B 键→ ⬚ 键,Z 轴只对一把刀,其他刀具执行 M27 完成对刀测量刀长即可	
5	将刀具抬至安全高度,主轴停止转动,完成对刀操作	

8. 录入并校验程序 (表 9-9)

表 9-9 操作过程

操作步骤	操作内容	过程记录
1	双击桌面传输软件 ⬚,系统弹出"选择连接"对话框,单击"连接"→"NC 数据"→"MPF",在右边的区域中"粘贴"加工所用程序(如 AAA2)	
2	在机床上按 ⬚ 键,选择 ⬚ NC NC,选择零件加工程序(如 AAA2),按 ⬚ 键→ ⬚ NC 执行 键,将进给倍率开关旋到 0% 的位置,最后按 ⬚ 键运行程序	
3	调整合适的进给倍率,使刀具慢慢接近设定的坐标,观察对刀是否正确	

（续）

操作步骤	操作内容	过程记录
4	将进给倍率开关调整到合适倍率,进行切削加工	
5	完成加工	

9. 清理机床，整理工、量、辅具等（表9-10）

表9-10　操作过程

操作步骤	操作内容	过程记录
1	从机床上将刀柄卸下来(与装刀顺序相反),注意保护刀具不要让其从主轴上掉下来,对于较重刀具或力量不够的同学要请其他同学帮助保护	
2	将刀具从刀柄上卸下来	
3	将机床 Z 轴手动返回参考点,移动 X、Y 轴使工作台处于床身中间位置	
4	清理机用虎钳和工作台上的切屑	
5	用抹布擦拭机床外表面、操作面板、工作台、工具柜等	
6	整理工、量、辅具及刀具等,需要归还的工具应及时归还	
7	按要求清理工作场地,填写交接班表格等	

第三部分　评价与反馈

五、自我评价（表9-11）

表9-11　自我评价

序号	评价项目	是	否
1	是否能分析出零件的正确形体		
2	前置作业是否全部完成		
3	是否完成小组分配的任务		
4	是否认为自己在小组中不可或缺		
5	是否严格遵守课堂纪律		
6	在本次学习任务执行过程中,是否主动帮助同学		
7	对自己的表现是否满意		

六、小组评价（表9-12）

表9-12　小组评价

序号	评价项目	评价
1	团队合作意识,注重沟通	
2	能自主学习及相互协作,尊重他人	
3	学习态度积极主动,能参加安排的活动	
4	能正确地领会他人提出的学习问题	
5	遵守学习场所的规章制度	
6	具有工作岗位的责任心	
7	主动学习	

（续）

序号	评价项目	评价
8	能正确对待肯定和否定的意见	
9	团队学习中的主动与合作意识	

评价人：　　　　　　　　　　　　　　　　　　年　　月　　日

七、教师评价（表 9-13）

表 9-13　教师评价

序号	评价项目	教师评价			
		优	良	中	差
1	按时上课,遵守课堂纪律				
2	着装符合要求				
3	学习的主动性和独立性				
4	工、量、辅具及刀具使用规范,机床操作规范				
5	主动参与工作现场的 6S 工作				
6	工作页填写完整				
7	与小组成员积极沟通并协助其他成员共同完成学习任务				
8	会快速查阅各种手册等资料				
9	教师综合评价				

任务十

叶轮加工

学习目标

通过叶轮加工这一学习任务的学习，学生能：

1. 在教师的指导下，掌握使用 UG 软件多轴加工的一般流程及操作方法。
2. 掌握使用 UG 软件多轴加工的各种方法及技巧。
3. 了解叶轮加工的工艺特点，采用合理的工艺、加工策略和编程方法。
4. 按照企业的生产要求，根据零件图样，以小组合作的形式，制订叶轮的加工工艺。
5. 按照安全操作规范的步骤，传输加工程序并对程序进行校验。

建议学时

18 学时

学习任务描述

某公司委托我单位加工一批配件，数量为 10 件，要求在 10 天内完成加工。生产管理部已下达加工任务，任务完成后提交成品及检验报告。本加工任务的毛坯几何体、零件图及叶轮几何体、零件图如图 10-1 所示。

a) 毛坯几何体   b) 叶轮几何体

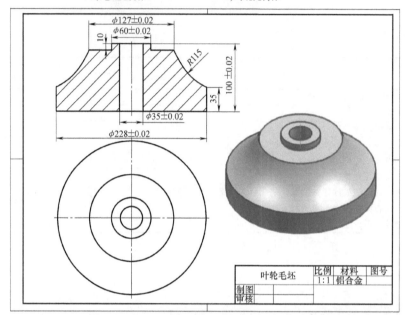

c) 叶轮毛坯零件图

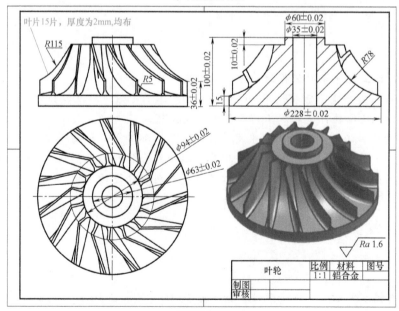

d) 叶轮零件图

图 10-1　毛坯几何体、零件图及叶轮几何体、零件图

第一部分 学习准备

引导问题：

该叶轮零件要做叶轮叶片，用三轴加工中心无法完成加工，而用五轴加工中心进行五轮联动加工可以解决这一问题，那么五轴加工中心如何进行操作？

一、机床操作

SIEMENS 操作面板如图 10-2 所示。

1. 开机

1）将机床通电，开关 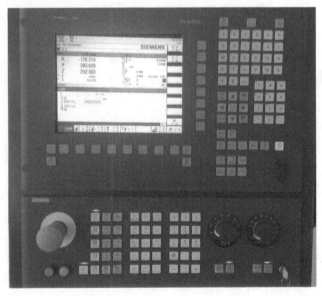 上拉。

2）机床上电：按操作面板上电源按钮 。

3）机床加使能：按"主轴使能" → "进给使能" 。

4）打开"紧急停止"按钮，按"复位"键 ，机床被激活并可以进行操作。

图 10-2 SIEMENS 操作面板

2. 安装刀具

1）按 键→ T.S.M 键。

2）把光标移到"T"处，输入刀号"1"（即1号刀），再按"运行"键 。

3. 测量刀长

1）调用刀具半径补偿：按 键→ 键→输入"D1"→ 键。

2）测量刀长：按键→输入"M27"→键，系统自动测量刀长。

4. 建立 G54 坐标系

1）按键→ T,S,M 键。

2）把光标移到"零偏"处，按键，选择 G54，然后按键运行，最后按。

5. 主轴正转

1）按键→ T,S,M 键。

2）把光标移到"S"处，输入"500"，按"输入"键。

3）把光标移到"M"处，按键，选择正转，再按"运行"键。

6. 对刀

1）按键进入手轮模式，用刀具碰工件一边，按键，再按 X=0 键。

2）移动刀具碰工件对边，这时显示的坐标值为 X_2，按键→↑+ W 键→↑+ V 键，按数字键<2>（即 $X_2/2$），然后按键完成 X 轴对刀。

3）同理完成 Y 轴对刀。

4）Z 轴对刀：用刀具碰工件上表面，按键，再按 Z=0 键，然后按"运行"键。

5）安装 2 号刀 T2，按键，输入"27"，再按键运行，用对刀仪测量 T2 的刀长。

6）同理 3 号刀 T3 对刀。

注意：对刀前应先确认 B、C 轴是否为零。具体查看方法，按键→键→查看刀号和刀具半径补偿值，B、C 轴应为 0。

7. 程序传输

1）在计算机上双击软件，系统弹出"选择连接"对话框，单击"连接"，进入传输软件界面（图 10-3），单击"NC 数据"，在下拉菜单中单击"MPF"，在右边的区域中"粘贴"加工所用程序。

2）在机床上按键，选择 NC 键，再选择零件加工程序，按键→ NC 执行 键，最后按键运行程序开始加工。

图 10-3　软件 RCS Commander 界面

8. 机床的日常维护与保养

任何机械设备使用一段时间之后，其机械零件、部件都会发生损坏，为了延长机床使用寿命，应对机床进行日常的维护和保养。

1）保持良好的润滑状态，定期检查、清洁自动润滑系统，添加或更换切削液、润滑油，使丝杠导轨等各部位保持良好的润滑状态。

2）保持机床清洁。每天下午进行机床清洁，经常检查机床电路，保持机床操作面板、外观等的清洁，留意机床运行时的声音，有故障及时进行维修和维护。

3）保持车间的通风、整洁。

二、叶轮零件的多轴加工操作步骤

1. 打开模型文件进入加工模块

1）打开模型文件进入加工模块 E：\ ugnx8.5 \ ch3.02 \ yelun.prt。

2）进入加工环境。选择下拉菜单 开始▼→ 加工(N) 命令，系统弹出"加工环境"对话框，在"CAM 会配置"中选择"cam_general"，在"要创建的 CAM 设置"中选择"mill_multi-axis"，单击 确定 按钮，进入多轴加工环境，如图 10-4 所示。

2. 创建几何体

（1）创建机床坐标系和安全平面

1）单击 几何视图 按钮进入几何视图，在工序导航器中双击 MCS 节点，系统弹出"MCS"对话框，如图 10-5 所示。

2）在"MCS"对话框的"机床坐标系"区域中单击"CSYS 对话框"按钮，弹出"CSYS"对话框，在"类型"中选择 动态 选项，选择圆心建立机床坐标系，如图 10-6 所示；在"MCS"对话框的"安全设置"区域中"安全设置选项"下拉列表中选择"自动平面"选项，安全距离输入"20"（图 10-5），单击 确定 按钮，完成机床坐标系和安全平面的创建。

图 10-4 "加工环境"对话框

图 10-5 "MCS"对话框

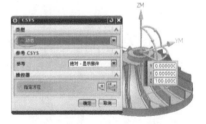

图 10-6 "CSYS"对话框

（2）创建部件几何体及毛坯几何体

1）创建部件几何体。在工序导航器中双击 WORKPIECE 节点，系统弹出图 10-7 所示的"工件"对话框，单击"指定部件"右边按钮，系统弹出"部件几何体"对话框，选择如图 10-8 所示对象，单击 确定 按钮，完成部件几何体的创建。

2）创建毛坯几何体。在工序导航器中双击 WORKPIECE 节点，系统弹出图 10-7 所示"工件"对话框，单击"指定毛坯"右边按钮，系统弹出"毛坯几何体"对话框，选择如图 10-9 所示对象（此时应先打开保存毛坯几何体的图层 2），单击 确定 按钮，完成毛

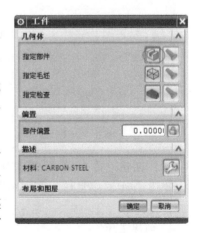

图 10-7 "工件"对话框

坏几何体的创建。

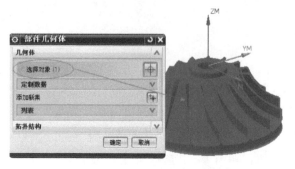

图 10-8 "部件几何体" 对话框

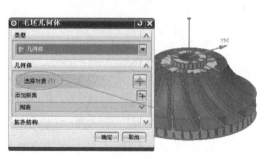

图 10-9 "毛坯几何体" 对话框

3. 创建刀具

（1）创建刀具 1　选择机床视图→创建刀具命令，系统弹出"创建刀具"对话框，如图 10-10 所示，单击"刀具子类型"中的按钮，在"名称"文本框中输入刀具名称 B6，单击确定按钮，系统弹出"铣刀-球头铣"对话框，在"尺寸"区域的"（D）球直径"文本框中输入"6"，其他参数设置如图 10-11 所示，单击确定按钮，完成刀具 1 的创建。

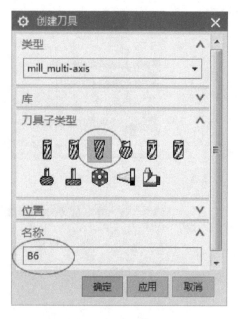

图 10-10 "创建刀具" 对话框

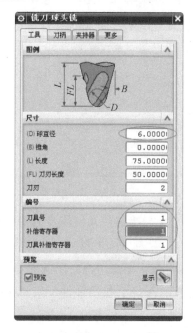

图 10-11 创建 B6 球头铣刀

（2）创建刀具 2　参照创建刀具 1 的操作步骤，创建名称为 B6B3、锥角为 3° 的球头铣刀，并在"（D）球直径"文本框中输入"6"，在"（B）锥角"文本框中输入"3"，其他参数设置如图 10-12 所示，单击确定按钮，完成刀具 2 的创建。

4. 创建工序

（1）创建工序 1

1）选择 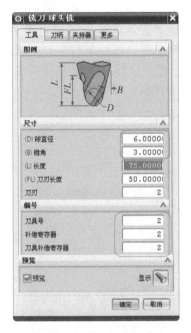命令，系统弹出"创建工序"对话框，如图 10-13 所示。

图 10-12 创建 B6B3 球头铣刀　　　　图 10-13 "创建工序"对话框

2）确定加工方法。如图 10-13 所示"创建工序"对话框的"类型"选择"mill_multi-axis"，在"工序子类型"中单击"VARIABLE_STREAMLINE" 按钮，"位置"区域的"程序"选择"PROGRAM"，在"刀具"下拉列表中选择"B6（铣刀-球头铣）"，在"几何体"下拉列表中选择"WORKPIECE"，在"方法"下拉列表中选择"MILL_ROUGH"，然后单击 确定 按钮，系统弹出"可变流线铣"对话框。

3）指定切削区域。在"可变流线铣"对话框中单击 按钮，系统弹出"切削区域"对话框，采用系统默认的选项，选取图 10-14 所示的切削区域，然后单击 确定 按钮，返回"可变流线铣"对话框。

4）设置驱动方法。在"可变流线铣"对话框中"驱动方法"区域的"方法"下拉列表中选择"流线"，单击"编辑"按钮，系统弹出如图 10-15 所示的"流线驱动方法"对

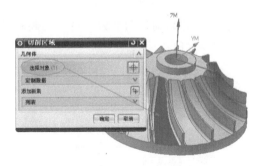

图 10-14 指定切削区域

话框，同时在图形上自动生成流曲线和交叉曲线。查看两条流曲线和交叉曲线的方向，如有必要，可以在方向箭头上双击或单击"反向"按钮 ，调整两条流曲线和交叉曲线的方向，以符合图 10-15 所示的要求。

5）驱动设置。在"刀具位置"下拉列表中选择"相切"选项，在"切削模式"下拉列表中选择"往复"选项，在"步距"下拉列表中选择"恒定"选项，在"最大距离"文

本框中输入"1",选择单位为 mm,如图 10-15 所示,然后单击 确定 按钮,返回"可变流线铣"对话框。

6)设置投影矢量与刀轴。在"可变流线铣"对话框"投影矢量"区域中的"矢量"下拉列表中选择"垂直于驱动体"选项,在"刀轴"区域中的"轴"下拉列表中选择"朝向点"选项,单击"指定点"按钮,弹出"点"对话框,在"坐标"区域中的"参考"下拉列表中选择"WCS"选项,在"XC""YC""ZC"文本框中分别输入"30""-110""80",如图 10-16 所示,然后单击 确定 按钮,返回"可变流线铣"对话框。

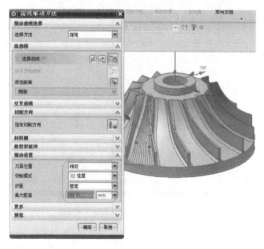

图 10-15 "流线驱动方法"对话框

图 10-16 "点"对话框

7)设置切削参数。在"刀轨设置"区域中单击"切削参数"按钮 ,系统弹出"切削参数"对话框,单击"多刀路"选项卡,其参数设置如图 10-17 所示;单击"余量"选项卡,在"部件余量"文本框中输入"0.5",如图 10-18 所示,单击 确定 按钮,返回"可变流线铣"对话框。

8)设置非切削移动参数。在"刀轨设置"区域中单击"非切削移动" 按钮,系统

图 10-17 切削参数设置(一)

图 10-18 切削参数设置(二)

弹出"非切削移动"对话框，单击"进刀"选项卡，其参数设置如图 10-19 所示，单击
确定 按钮，返回"可变流线铣"对话框。

9）设置进给率和速度。在"刀轨设置"区域中单击"进给率和速度"按钮 ，系统弹
出"进给率和速度"对话框，勾选"主轴速度"区域中的"主轴速度"复选框，在其后的文
本框中输入"5800"，在"进给率"区域中的"切削"文本框中输入"1000"，按键盘上的回
车键，然后单击 按钮，基于此值计算进给率和速度，在"更多"区域中的"进刀"文本框
中输入"50"，如图 10-20 所示，最后单击 确定 按钮，返回"可变流线铣"对话框。

图 10-19　非切削移动参数设置

图 10-20　进给率和速度设置

10）生成刀具轨迹。在"可变流线铣"对话框中的"操作"区域单击"生成"按钮
，得到如图 10-21 所示的刀具轨迹。

11）仿真。在"可变流线铣"对话框中的"操作"区域单击"确认"按钮 ，系统
弹出"刀轨可视化"对话框，单击 2D 动态 选项卡，采用默认设置，调整动画速度后单击
"播放"按钮 ，完成演示后的模型如图 10-22 所示。

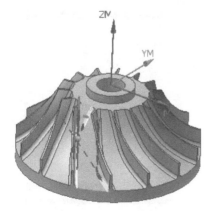

图 10-21　刀具轨迹

图 10-22　完成演示后的模型

（2）创建工序 2

1）单击"程序顺序视图"按钮 程序顺序视图→"创建程序"按钮 创建程序，系统弹出"创建程序"对话框，如图 10-23 所示。

2）单击"创建工序"按钮 创建工序，系统弹出"创建工序"对话框，如图 10-25 所示，"类型"选择"mill_multi-axis"，在"工序子类型"中单击"VARIABLE_CONTOUR"（可变轮廓铣）按钮 ，"位置"区域的程序选择"PROGRAM_2"，在"刀具"下拉列表中选择"B6B3（铣刀-球头铣）"，在"几何体"下拉列表中选择"WORKPIECE"，在"方法"下拉列表中选择"MILL_FINISH"，然后单击 确定 按钮，系统弹出"可变轮廓铣"对话框。

3）指定切削区域。在"可变轮廓铣"对话框中单击 按钮，系统弹出"切削区域"对话框，采用系统默认的选项，选取图 10-25 所示的切削区域，然后单击 确定 按钮，返回"可变轮廓铣"对话框。

4）设置驱动方法。在"可变轮廓铣"对话框"驱动方法"区域中的"方法"下拉列表中选择"曲面"选项，系统弹出如图 10-26 所示的"曲面区域驱动方法"对话框。

5）在"曲面区域驱动方法"对话框中单击 按钮，系统弹出"驱动几何体"对话框，

图 10-23 "创建程序"对话框

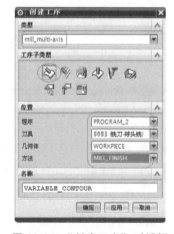

图 10-24 "创建工序"对话框

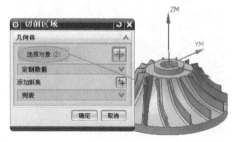

图 10-25 指定切削区域

图 10-26 "曲面区域驱动方法"对话框

采用默认参数设置值，在图形区选取图 10-27 所示的曲面，单击 确定 按钮，返回"曲面区域驱动方法"对话框。

6）在"曲面区域驱动方法"对话框"切削区域"下拉列表中选择 曲面 % 选项，系统弹出"曲面百分比方法"对话框，其参数设置如图 10-28 所示，单击 确定 按钮，返回"曲面区域驱动方法"对话框。

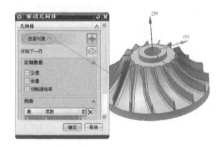

图 10-27 驱动几何体设置

图 10-28 "曲面百分比方法"对话框

7）在"曲面区域驱动方法"对话框中单击"切削方向"按钮 ，在图形区选取图 10-29 所示箭头方向；单击"材料反向"按钮 ，使材料方向如图 10-30 所示。

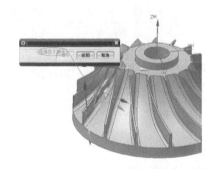

图 10-29 箭头方向

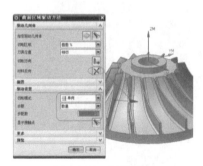

图 10-30 材料反向

8）设置驱动参数。在"驱动设置"区域中的"切削模式"下拉列表中选择"单向"，在"步距"下拉列表中选择"数量"，在"步距数"文本框中输入"20"，单击 确定 按钮，返回"可变轮廓铣"对话框。

9）设置投影矢量与刀轴。在"可变轮廓铣"对话框"投影矢量"区域中的"矢量"下拉列表中选择"垂直于驱动体"选项，"刀轴"区域中的"轴"下拉列表中选择"朝向点"选项，单击"指定点"按钮，弹出"点"对话框，在"坐标"区域中的"参考"下拉列表中选择"WCS"选项，在"XC""YC""ZC"文本框中分别输入"50""-110""100"，如图 10-31 所示，然后单击 确定 按钮，返回"可变轮廓铣"对话框。

图 10-31 "点"对话框

10）设置切削参数。采用系统默认的切削参数。

11）设置非切削移动参数。采用系统默认的非切削移动参数。

12）设置进给率和速度。在"刀轨设置"区域中单击"进给率和速度"按钮，系统弹出"进给率和速度"对话框，勾选"主轴速度"区域中的"主轴速度"复选框，在其后的文本框中输入"5800"，在"进给率"区域中的"切削"文本框中输入"1000"，按键盘上的回车键，然后单击按钮，基于此值计算进给率和速度，在"更多"区域中的"进刀"文本框中输入"50"，如图 10-20 所示，最后单击 确定 按钮，返回"可变轮廓铣"对话框。

13）生成刀具轨迹。在"可变轮廓铣"对话框中的"操作"区域单击"生成"按钮，得到如图 10-32 所示的刀具轨迹。

14）仿真。在"可变轮廓铣"对话框中的"操作"区域单击"确认"按钮，系统弹出"刀轨可视化"对话框，单击 2D 动态 选项卡，采用默认设置，调整动画速度后单击"播放"按钮，完成演示后的模型如图 10-33 所示。

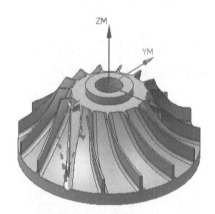

图 10-32　刀具轨迹

图 10-33　完成演示后的模型

（3）创建工序 3

1）单击"程序顺序视图"按钮程序顺序视图→"创建程序"按钮创建程序，系统弹出"创建程序"对话框，如图 10-34 所示。

2）复制、粘贴操作。在工序导航器中选择 PROGRAM_2 节点处的 VARIABLE_CON..，右击选择"复制"，再选择 PROGRAM_3 节点处，右击选择"粘贴"。

3）修改操作名称。在工序导航器中右击 VARIABLE_CONTOUR_COPY 节点，选择"重命名"，将其命名为 VARIABLE_CONTOUR_3。

4）重新定义操作。

① 双击 VARIABLE_CONTOUR_3 节点，系统弹出"可变轮廓铣"对话框。

图 10-34　创建程序

②　在"可变轮廓铣"对话框中单击"指定切削区域"右侧的按钮，系统弹出"切削区域"对话框，在该对话框"列表"区域中单击"移除"按钮，重新选取图 10-35 所示的切削区域，这里选取的切削区域和创建工序 2 中图 10-25 所示的相对，两者分别位于叶轮槽的两侧，然后单击 确定 按钮，返回"可变轮廓铣"对话框。

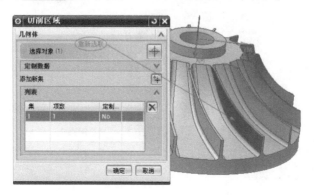

图 10-35　指定切削区域

③　在"可变轮廓铣"对话框"驱动方法"区域中单击按钮，系统弹出"曲面区域驱动方法"对话框，单击按钮，弹出"驱动几何体"对话框，在该对话框"列表"区域中单击"移除"按钮，在图形区重新选择图 10-36 所示的曲面，单击 确定 按钮，返回"曲面区域驱动方法"对话框；单击"切削方向"按钮，选择图 10-37 所示箭头方向；单击"材料反向"按钮，使材料方向如图 10-38 所示，单击 确定 按钮，返回"可变轮廓铣"对话框。

④　在"可变轮廓铣"对话框"刀轴"区域中单击"指定点"按钮，弹出"点"对话框，在"坐标"区域中的"参考"下拉列表中选择"WCS"选项，在"XC""YC""ZC"文本框中分别输入"50""-110""100"，如图 10-39 所示，然后单击 确定 按钮，返回"可变轮廓铣"对话框。

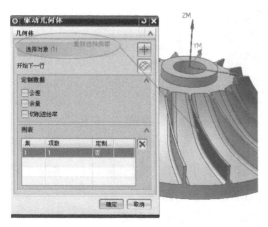

图 10-36　驱动几何体设置

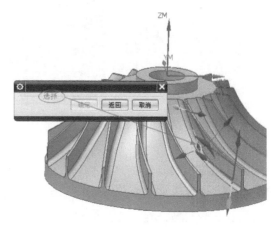

图 10-37　箭头方向

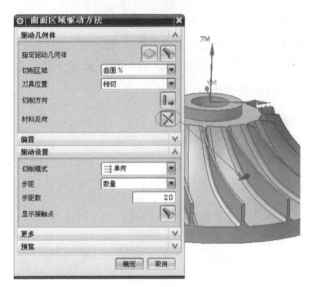

图 10-38　材料反向　　　　　　　　　　　　图 10-39　"点"对话框

5）生成刀具轨迹。在"可变轮廓铣"对话框中的"操作"区域单击"生成" 按钮，得到如图 10-40 所示的刀具轨迹。

6）仿真。在"可变轮廓铣"对话框中的"操作"区域单击"确认" 按钮，系统弹出"刀轨可视化"对话框，单击 2D动态 选项卡，采用默认设置，调整动画速度后单击"播放"按钮 , 完成演示后的模型如图 10-41 所示。

（4）变换刀具轨迹 1

1）选择变换命令。将工序导航器调整到图 10-42 所示的程序视图状态，右击 VARIABLE_STREAMLINE 节点，在弹出的快捷菜单中选择"对象"→"变换"，系统弹出如图 10-43 所示的"变换"对话框。

图 10-40　刀具轨迹　　　　　图 10-41　完成演示后的模型　　　　　图 10-42　程序视图

2）设置变换参数。

① 指定枢轴点。在"变换"对话框"类型"下拉列表中选择"绕点旋转"，单击"变换参数"区域的 按钮，在图形中选择如图 10-44 所示的圆心。

② 设置参数。在"变换"对话框"角方法"下拉列表中选择"指定"，在"角度"文本框中输入"360"；在"结果"区域中选择"实例"，并在"距离/角度分割"文本框中输

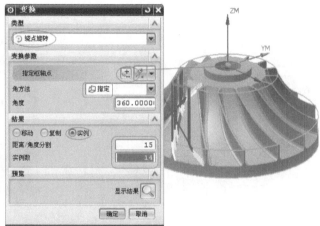

图 10-43 "变换"对话框　　　　　　　　图 10-44 指定框轴点

入"15"，在"实例数"文本框中输入"14"，然后单击 确定 按钮，完成刀具轨迹 1 的复制，其结果如图 10-45 所示。

（5）变换刀具轨迹 2　参照变换刀具轨迹 1 中的操作步骤和参数设置，将侧面加工的刀具轨迹 VARIABLE_CONTOUR 进行变换，其结果如图 10-46 所示。

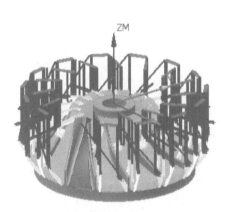

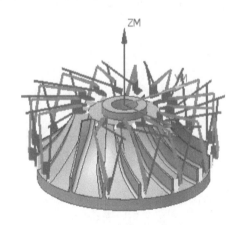

图 10-45 刀具轨迹 1 的复制结果　　　　图 10-46 变换刀具轨迹 2

（6）变换刀具轨迹 3　参照变换刀具轨迹 1 中的操作步骤和参数设置，将另一侧面加工的刀具轨迹 VARIABLE_CONTOUR_3 进行变换，其结果如图 10-47 所示。

（7）整体 2D 仿真

1）单击 按钮，在工序导航器中单击 WORKPIECE 节点，选择全部刀具轨迹，在工具栏中单击 按钮，系统弹出"刀轨可视化"对话框。

2）在弹出的"刀轨可视化"对话框中单击 2D 动态 选项卡，采用默认设置，调整动画速度后单击"播放"按钮 ，完成演示后的模型如图 10-48 所示。仿真完成后单击 确定 按钮，完成操作。

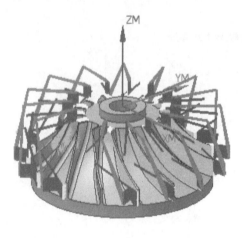

图 10-47　变换刀具轨迹 3

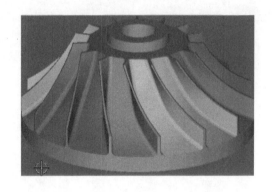

图 10-48　完成演示后的模型

第二部分　计划与实施

引导问题：

　　本学习任务是在五轴加工中心上完成叶轮零件加工，那么在加工前，要做哪些准备工作？

二、生产前的准备

1. 认真阅读零件图，完成表 10-1

表 10-1　分析零件图

分析项目	分析内容
标题栏信息	零件名称： 零件材料： 毛坯规格：
零件形体	描述零件主要结构：
表面粗糙度	零件加工表面粗糙度：
其他技术要求	描述零件其他技术要求：

2. 准备工、量具等

夹具：

刀具：

量具：

其他工具或辅具：

3. 填写数控加工工序卡（表 10-2）

表 10-2　数控加工工序卡

单位名称	数控加工工序卡				零件名称	零件图号	材　料	硬　度
工序号	工序名称	加工车间		设备名称		设备型号	夹　具	
				五轴加工中心				

工步号	工步内容	刀具类型	刀具规格尺寸/mm	程序名	切削速度/(m/min)	主轴转速/(r/min)	进给量/(mm/r)	进给速度/(mm/min)	背吃刀量/mm	进给次数	备注

编　制		审　核		批　准		共　　页	第　　页

注：1. 切削速度与主轴转速任选一个进行填写。

　　2. 进给量与进给速度任选一个进行填写。

引导问题：

按照怎样的步骤才能加工出合格零件？

三、在五轴加工中心上完成零件加工

按下列操作步骤，分步完成零件加工，并记录操作过程。

1. 开机

（1）打开电源（表 10-3）

表 10-3　操作过程

操作步骤	操作内容	过程记录
1	打开外部电源开关	
2	机床上电:打开机床电气柜总开关	
3	打开稳压器电源	
4	系统上电:按下操作面板上的"电源"按钮	
5	等待系统进入待机界面后,打开"紧急停止"按钮	

(2) 手动回参考点 (表 10-4)

表 10-4　操作过程

操作步骤	操作内容	过程记录
1	按"返回参考点"按钮	
2	在 X Y Z 中,按 Z 轴按钮,选择 Z 轴返回参考点	
3	在 + − 中,按"+"方向按钮,Z 轴往正方向返回参考点	
4	调节进给倍率开关,控制返回参考点速度	
5	在 X Y Z 中,按 X 轴按钮	
6	在 + − 中,按"+"方向按钮,X 轴往正方向返回参考点	
7	在 X Y Z 中,按 Y 轴按钮	
8	在 + − 中,按"+"方向按钮,Y 轴往正方向返回参考点	

2. 装夹毛坯

将毛坯装夹在机用虎钳上,将已经加工好的夹位作为夹持位,夹好后要保证钳口上表面与毛坯夹位底面贴紧。

3. 选择刀具和装夹刀具 (表 10-5)

表 10-5　操作过程

操作步骤	操作内容	过程记录
1	根据加工要求,选择刀具	
2	选择相关弹簧夹套,将刀具装到刀柄上并锁紧	
3	从刀库装刀入主轴:按 键→ T,S,M 键,把光标移到"T"处,输入刀号"5"(即 5 号刀),再按 运行	

4. 起动主轴 (表 10-6)

表 10-6　操作过程

操作步骤	操作内容	过程记录
1	主轴正转:按 键→ T,S,M 键	
2	把光标移到"S"处,输入"500",按"输入"键	
3	把光标移到"M"处,按 键,选择"正转",再按 键运行	

5. 使用刀具进行分中对刀 （表10-7）

表 10-7 操作过程

操作步骤	操作内容	过程记录
1	定位(对刀前必须把 B、C 轴定位为"0")：按"定位"键,把移动光标到 B 处,输入"0",按 运行。注意：一般先把进给倍率调为"0%",执行时逐渐增大进行定位	
2	通过进给倍率开关来调整进给速度,注意刀具位置,以防止撞刀	
3	建立 G54 坐标系：按 键→ 键,把光标移到"零偏"处,按 ,选 G54,然后按 运行	
4	测量刀长：按 键→ 键→输入"D1"→ 键,调用刀具半径补偿；按 键→输入 "M27"→ ,系统自动测量刀长	
5	对 X、Y 轴： 对 X 轴步骤：按 键→输入"G54"→ 键→ 键,用刀具碰工件一边,按 键；移动刀具碰工件对边,这时显示的坐标值为 X_2,按 键→ + 组合键→ + 组合键→ $X_2/2$ → ,完成 X 轴对刀,同理对 Y 轴	
6	对 Z 轴：按 键→ 键→ 键,Z 轴只对一把刀,其他刀具执行 M27 完成对刀测量刀长即可 按 键→ 键→查看刀号和刀具半径补偿,B、C 轴应为"0"	

6. 传输程序 （表10-8）

表 10-8 操作过程

操作步骤	操作内容	过程记录
1	双击桌面传输软件 ,系统弹出"选择连接"对话框,单击"连接"→"NC 数据"→"MPF",在右边的区域中"粘贴"加工所用程序(如 AAA2)	

7. 自动运行程序，完成加工 （表10-9）

表 10-9 操作过程

操作步骤	操作内容	过程记录
1	在机床上：按 键,选择 ,选择零件加工程序(如 AAA2),按 键→ 键,最后按 键,自动运行程序	
2	完成加工	

8. 清理机床，整理工、量、辅具等 （表10-10）

表 10-10 操作过程

操作步骤	操作内容	过程记录
1	从机床上将刀柄卸下来(与装刀顺序相反),注意保护刀具不要让其从主轴上掉下来,对于较重刀具或力量不够的同学要请其他同学帮助保护	

（续）

操作步骤	操作内容	过程记录
2	将刀具从刀柄上卸下来	
3	将机床 Z 轴手动返回参考点，移动 X、Y 轴使工作台处于床身中间位置	
4	清理机用虎钳和工作台上的切屑	
5	用抹布擦拭机床外表面、操作面板、工作台、工具柜等	
6	整理工、量、辅具及刀具等，需要归还的工具应及时归还	
7	按要求清理工作场地，填写交接班表格等	

第三部分　评价与反馈

四、自我评价（表 10-11）

表 10-11　自我评价

序号	评价项目	是	否
1	是否能分析出零件的正确形体		
2	前置作业是否全部完成		
3	是否完成小组分配的任务		
4	是否认为自己在小组中不可或缺		
5	是否严格遵守课堂纪律		
6	在本次学习任务执行过程中，是否主动帮助同学		
7	对自己的表现是否满意		

五、小组评价（表 10-12）

表 10-12　小组评价

序号	评价项目	评价
1	团队合作意识，注重沟通	
2	能自主学习及相互协作，尊重他人	
3	学习态度积极主动，能参加安排的活动	
4	能正确地领会他人提出的学习问题	
5	遵守学习场所的规章制度	
6	具有工作岗位的责任心	
7	主动学习	
8	能正确对待肯定和否定的意见	
9	团队学习中的主动与合作意识	

评价人：_____　　　　　　　　　　　　　　　　　年　　月　　日

六、教师评价（表 10-13）

表 10-13　教师评价

序号	项　　目	教师评价			
		优	良	中	差
1	按时上课,遵守课堂纪律				
2	着装符合要求				
3	学习的主动性和独立性				
4	工、量、辅具刀具使用规范,机床操作规范				
5	主动参与工作现场的 6S 工作				
6	工作页填写完整				
7	与小组成员积极沟通并协助其他成员共同完成学习任务				
8	会快速查阅各种手册等资料				
9	教师综合评价				

参 考 文 献

［1］ 尹相昶，刘先勇，甘俊通．机械零件的数控铣削加工［M］．长春：吉林科学技术出版社，2018.

［2］ 北京兆迪科技有限公司．UG NX8.5 数控加工教程［M］．北京：机械工业出版社，2013.

［3］ 王兵．图解数控铣削技术快速入门［M］．上海：上海科学技术出版社，2010.